Gâteaux au fromage de la pâtisserie Kaorinne

카오린느 제과점의 치즈 케이크

가노 가오리 지음 | 이소영 옮김

Préface

프랑스 가정에서 홈스테이를 하던 시절, 함께 케이크를 굽던 마담은 타르트 반죽을 밀대로 적당히 펴서 틀에 재빨리 눌러 붙이고, 케이크 반죽을 삭 붓고 과일을 똑똑 떨어뜨려 오븐에서 구웠습니다.
'어라, 그게 다야?'싶었지만 정말 맛있어서 참 인상 깊었습니다.

애당초 제가 프랑스에 간 목적은 치즈를 배우는 것이었습니다.
알프스에서 그리 멀지 않은 사부아 지방의 농가에 머물며 소와 염소에게 풀을 먹이고 공방에서 치즈를 만들며 지냈습니다. 그 후 파리의 치즈 가게에서 일하며 프랑스의 치즈 생활에 대해 배웠습니다.

귀국 후 저는 치즈 숍에서 일하며 친구들을 초대해 함께 치즈를 즐기는 모임을 시작했는데, '치즈를 이용한 맛있는 케이크를 소개하면 치즈의 매력을 더욱 잘 알릴 수 있지 않을까' 하는 생각으로 치즈가 듬뿍 들어간 케이크를 만들기 시작했지요.

첫아이를 낳고 아이가 세 살이 되었을 때 다시 프랑스로 치즈 여행을 떠났습니다. 모처럼의 여행인지라 스페인 북부 바스크 지방인 산 세바스티안까지 발길을 옮겼는데, 북적북적 바(bar)가 모여 있는 거리 어느 가게의 카운터에 지름이 30cm나 되는 치즈 케이크가 10개도 넘게 늘어서 있고, 모든 사람이 와인과 함께 치즈 케이크를 즐기고 있는 모습에 놀란 적이 있습니다. 케이크를 먹어보고 또 깜짝 놀랐지요.
'이런 신기한 맛은 처음이야. 일본에 돌아가면 이 맛을 재현해서 꼭 사람들에게 맛보여야지!'
그때부터 머릿속은 레시피에 관한 생각으로 가득 찼습니다. 귀국 후 곧장 테스트를 반복했고, 이것이 바스크 치즈 케이크의 시작입니다.

제과는 어렵게 하려면 얼마든지 어려워집니다. 그것도 나름대로 재미있지만, 이 책에서 소개하는 것은 놀라우리만치 간단하면서도 맛이 진한 치즈 케이크입니다. 치즈를 통째로 먹고 있는가 싶을 정도이지만 크림치즈를 반죽하거나 체에 치거나 하는 작업이 없고 설거지도 적습니다. 어깨에 힘을 빼고 쓱싹 만드는 레시피, 가볍고 즐겁게 만들어 보시기 바랍니다.

가노 가오리

* 카오린느 제과점의 치즈 케이크는 글루텐 프리입니다. 일반적인 치즈 케이크는 접착을 목적으로 소량의 밀가루가 들어가기도 하는데, 아이에게 밀 알레르기가 있는 것을 안 후 밀가루를 못 먹는 사람도 즐길 수 있는 케이크를 만들기 위해 모든 제품에 밀가루를 넣지 않습니다.

1. 카망베르(흰곰팡이) 프랑스 노르망디 지방의 카망베르 마을에서 시작된 치즈. 부드럽고 걸쭉하게 녹는 식감에 부드러운 맛 **2. 다나블루**(푸른곰팡이) 덴마크 치즈. 프랑스의 대표적인 블루치즈 로크포르를 본떠서 만든 것. 강한 짠맛과 날카롭게 톡 쏘는 자극적인 맛이 특징이다. **3. 파르미지아노 레지아노**(하드, 경질 치즈) '이탈리아 치즈의 왕'이라고 불리며, 있는 그대로 먹거나 갈아서 파스타, 리소토 등에 올린다. 장기 숙성 덕에 향긋하고 깊은 맛이 탄생한다. **4. 고다**(세미 하드, 반경질 치즈) 네덜란드 고다(하우다) 지방의 치즈. 산뜻하고 부드러운 맛. 숙성이 진행될수록 치즈 조직이 단단히 응축되어 향과 맛이 강해진다. **5. 리코타**(생치즈, 신선 치즈) 이탈리아의 치즈. 리코타는 '두 번 데운다'는 뜻으로 훼이(유청)로 만들어 저지방인 것이 특징이다. 산뜻하고 식감이 좋으며 우유의 자연스러운 단맛이 느껴진다. **6. 발랑세**(쉐브르) 프랑스 발랑세 마을의 치즈. 원래는 피라미드 모양이었는데 이집트 원정에 실패한 나폴레옹이 발랑세 성에 들렀을 때 이 치즈의 모양을 보고 분하게 여겨 윗부분을 잘라버렸다는 얘기가 있다. 표면의 목탄 가루는 산양유 특유의 산미를 누그러뜨려 맛을 부드럽게 하는 효과가 있다. **7. 마르왈**(워시) 벨기에와의 국경 근처, 프랑스 마르왈 마을의 수도원에서 수도승이 만들었다는 치즈. 오렌지색의 겉모습과 개성 있는 맛, 사각 형태가 특징이다. 외피는 강렬한 향이 감돌지만 속은 부드럽다.

6.
7.

치즈 이야기

치즈는 제조 방법에 따라 자연 치즈와 가공 치즈의 두 종류로 나뉜다. 자연 치즈는 몇 가지 분류법이 있는데 여기서는 7가지 분류로 소개한다.

1 프레시 타입(신선 치즈)

크림치즈, 리코타, 코티지 등. 숙성하지 않은 치즈라 도드라지는 맛이 없고 부드러우며 촉촉해서 만들자마자 금방 먹는 것을 추천한다.

2 흰곰팡이 타입

카망베르, 브리 등. 흰곰팡이를 표면에 심어 표면에서 안쪽으로 숙성해간다. 안쪽은 크림색이고 숙성이 진행됨에 따라 표피가 붉은 갈색으로 변하지만, 속은 크리미하고 부드러워진다.

3 워시 타입

마르왈, 묑스테르, 퐁 레베크 등. 숙성 과정에서 외피를 소금물이나 술 등으로 씻기 때문에 '워시 타입'으로 불린다. 표면에는 특수한 미생물인 '리넨스 균'을 심어 숙성하므로 향이 강하고 개성 있다. 속은 의외로 순하며 맛과 향이 풍부한 치즈가 많다.

4 쉐브르 타입

발랑세, 생트 모르 드 투렌, 크로탱 드 샤비뇰 등. '쉐브르'란 프랑스어로 염소를 뜻하며, 이 타입의 치즈는 염소젖으로 만든다. 염소젖 특유의 풍미가 강하며 숙성 초기에는 산뜻한 산미가, 숙성이 진행될수록 깊은 감칠맛과 풍미가 더해진다.

5 푸른곰팡이 타입

로크포르, 고르곤졸라, 스틸톤 등. 치즈 안에 푸른곰팡이를 번식시켜 숙성하는 타입. 곰팡이의 자극적인 향, 강한 짠맛이 특징이다.

6 세미 하드 타입

고다, 삼소 등. 눌러서 수분을 뺀 것. 숙성기간은 3~6개월이 걸리며 맛이 부드럽다.

7 하드 타입

파르미지아노 레지아노, 체다, 콩테 등. 세미 하드 타입보다 수분을 더 많이 제거한 것. 오랜 시간을 들여 숙성하므로 깊은 감칠맛이 탄생한다.

치즈 먹을 때의 포인트

* 온도 : 냉장고에서 꺼내 바로 먹으면 너무 차므로 먹기 30분 전에 꺼내놓는다.
* 영양 : 영양 만점이지만 식이섬유와 비타민C는 들어있지 않다. 채소, 과일과 함께 먹으면 맛도 좋고 영양 면에서도 좋다.

Sommaire

Chapitre 1

Gâteaux au fromage

베이크드 치즈 케이크

Chapitre 2

Gâteaux aux fromages divers européens

여러 가지 치즈와 유럽의 베이크드 치즈 케이크

Chapitre 3

Gâteaux soufflés et gâteaux crus au fromage

수플레 & 레어 치즈 케이크

일러두기

□ 1큰술은 15㎖, 1작은술은 5㎖입니다.
□ 계란은 M사이즈(50g)를 사용했습니다.
□ '한 자밤'이란 엄지, 검지, 중지로 가볍게 집은 양입니다.
□ 오븐은 미리 설정 온도로 예열합니다. 온도와 굽기 시간은 열원이나 기종 등에 따라 다소 차이가 있습니다. 레시피를 기준 삼아 온도는 ±10도, 시간은 5분씩, 상태를 살피며 가감해주세요.
□ 전자레인지의 가열시간은 600W 제품을 기준으로 하였습니다. 500W의 경우, 1.2배의 시간을 기준으로 삼으세요. 기종에 따라서 다소 차이가 있습니다.
□ 시판 크림치즈는 200g 용량이 일반적이므로, 크림치즈 200g을 기준으로 만드는 레시피도 병기하였습니다.

Chapitre
1

Gâteaux au fromage

베이크드 치즈 케이크

순서대로 재료를 넣고 빙글빙글 저어 오븐에 구우면 완성되는 베이크드 치즈 케이크.
농후한 타입, 가벼운 타입, 여러 가지 치즈 케이크가 있지만,
저는 제각각 재료의 맛이 균형을 이룬 것을 참 좋아합니다.
심플한 베이크드 치즈 케이크, 중탕으로 구운 뉴욕 치즈 케이크는 물론,
파르메산이나 블루치즈, 카망베르 등을 넣은 개성 만점 치즈 케이크를 소개합니다.

Gâteau au fromage nature

Basique 1

기본적인
심플 베이크드 치즈 케이크

크림치즈와 생크림에 약간의 레몬즙.
심플한 재료로 완성하는 가장 간단한 치즈 케이크입니다.
풍부하고 밀키한 맛, 은근한 산미가 질리지 않는 레시피.
더 묵직한 식감을 원한다면 전분을 2큰술 더해도 좋습니다.
만든 다음 날부터 치즈가 숙성된 2~3일 후가 맛이 어우러져 가장 먹기 좋습니다.

재 료 지름 15cm의 바닥 분리형 원형틀 1개 분량

크림치즈 … 300g
그래뉴당 … 90g
계란 … 2개
전분 … 1큰술
생크림 … 160㎖
레몬즙 … ½큰술

【케이크 시트】
플레인 쿠키(11쪽 참조) … 6개(50g)*
호두 … 20g**
무염버터 … 20g

* 시판용 일반 플레인 쿠키로 대체해도 OK.
** 160℃로 예열한 오븐에서 8분간 구워 잘게 다진다.

준 비

- 크림치즈는 전자레인지에서 1분 30초 가열하여 부드럽게 만든다.
- 틀에 오븐 시트를 깐다.
- 오븐은 170℃로 예열한다.

크림치즈는 내열용기에 담고 랩을 씌워 전자레인지에서 1분 30초간 데운다. 탁탁 튀는 소리가 나기 시작하는 것을 기준으로 삼는다. 실온에서 녹이는 것보다 다른 재료와 잘 섞인다.

원형틀의 바닥과 옆면에는 오븐 시트를 깐다. 바닥판을 꺼내어 그것을 기준 삼아 시트를 둥글게 자르고 옆면은 틀보다 1cm 높게 하는 것이 꺼내기 수월하다.

❶ 시트 만들기

두꺼운 비닐봉지에 쿠키를 넣고 밀대로 두드리거나 굴려서 잘게 부순다.

볼에 담고 전자레인지에서 30초 가열하여 녹인 버터와 호두를 넣어 고무 주걱으로 잘 섞는다.

틀 바닥에 깔고 손가락으로 눌러 전체적으로 꽉 채운 뒤 냉장실에 넣어둔다.

* 처음에는 주먹으로 누르고, 가장자리는 부서지기 쉬우므로 특히 꼼꼼히 누른다.

❸ 굽기

고무주걱을 이용해 반죽을 틀에 붓고,

기포가 일면 대꼬챙이나 손가락으로 터트린다.

170℃의 오븐에서 45분간 굽는다. 한 김 식힌 후 틀에서 꺼내어 냉장실에서 하룻밤 식힌다.

* 30분 굽고 팬의 앞뒤를 바꿔주면 얼룩이 생기지 않아서 좋다. 2~3일 두면 맛이 어우러져 더욱 좋다.

● 크림치즈 200g에 맞추어 만들려면…

크림치즈 … 200g
그래뉴당 … 60g
계란 … 1과 ⅓개
전분 … 2작은술
생크림 … 110㎖
레몬즙 … 1작은술

【케이크 시트】
플레인 쿠키 … 6개(50g)
호두 … 20g
무염버터 … 20g

⇒ 170℃의 오븐에서 45분간 굽는다.
* 케이크 두께가 다소 얇아져도 OK.

2 순서대로 재료 섞기

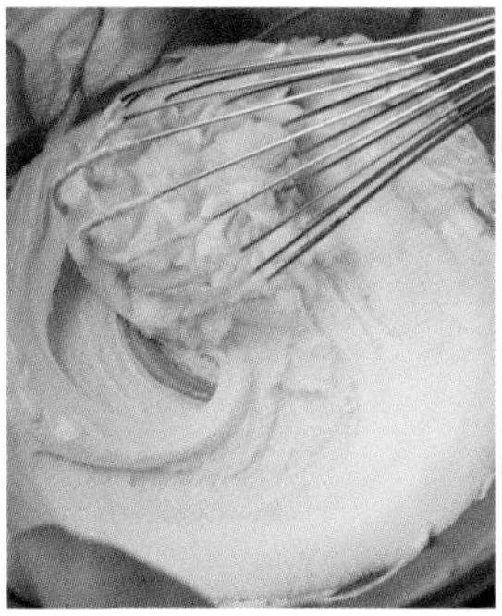

크림치즈를 볼에 담아 거품기로 부드럽게 푼다. 그래뉴당을 넣고 볼 표면을 따라 저으며 섞는다.

* 재료를 너무 젓지 않는 것이 포인트. 거품이 나지 않게 한다.

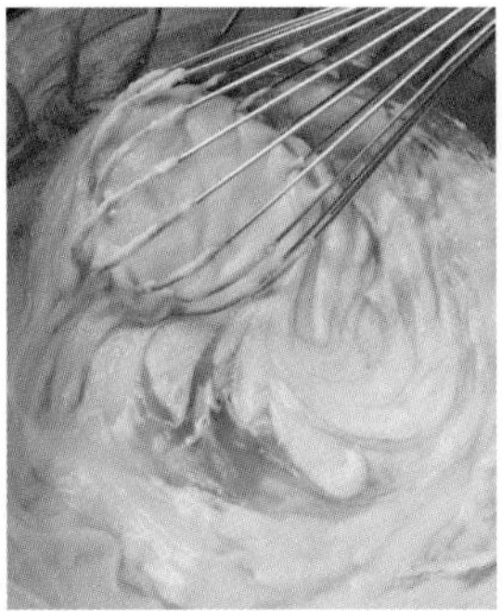

계란을 1개씩 넣으며 빙글빙글 저어 섞는다.

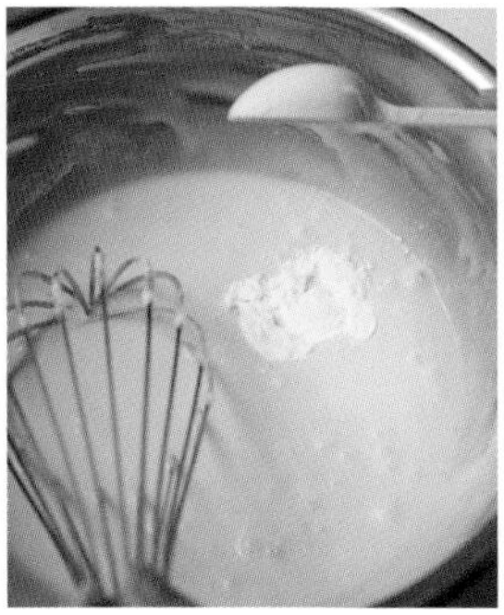

전분을 넣어 섞고,

* 소량이므로 체 치지 않아도 된다.

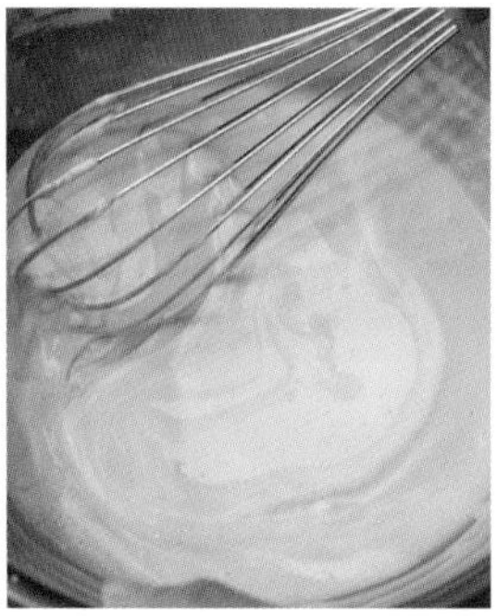

생크림 ⇒ 레몬즙 순서로 넣으며 섞는다.

플레인 쿠키 만드는 법

밀가루를 넣지 않은 쿠키로, 전분을 넣어 아삭아삭한 식감을 살렸습니다. 우유는 굳기를 보아가며 조금씩 넣습니다.

재료 지름 4cm 16개 분량

A | 제과용 쌀가루 … 30g*
　 전분 … 20g*
　 아몬드 파우더 … 25g

무염버터 … 40g
그래뉴당 … 30g
소금 … 한 자밤
우유 … 1작은술

* 쌀가루 + 전분 ⇒ 박력분 50g으로 대체 가능

준비

- 버터는 실온에 꺼내둔다.
- A를 볼에 담고 거품기로 빙글빙글 저어 섞는다.
- 오븐팬에 시트를 깐다.
- 오븐은 170℃로 예열한다.

1

볼에 버터, 그래뉴당, 소금을 담고 거품기로 저어 섞는다. A를 더하고 고무주걱으로 섞는다.

2

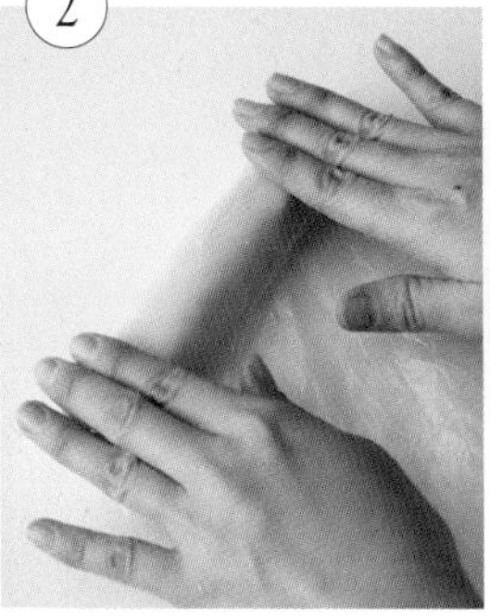

우유를 넣고 손으로 모을 수 있을 정도로 반죽한다. 비닐봉지에 넣어 지름 3cm의 봉 모양으로 다듬어 냉장실에서 30분 이상 휴지시킨다.

3

반죽을 1cm 두께로 잘라 팬에 늘어놓고 170℃의 오븐에서 18분간 굽는다.

Gâteau au fromage new-yorkais

Basique 2

기본적인 뉴욕 치즈 케이크

뉴욕에 이주한 유대인이 전파했다고 하며,
중탕으로 구워 촉촉하고 매끄럽게 완성되는 것이 특징입니다.
사워크림으로 산미와 감칠맛을 더하고
심플한 베이크드 케이크보다 계란을 줄여서 가볍게 구웠습니다.
진한 감칠맛 뒤의 끝 맛이 산뜻한 케이크.

재료 지름 15cm의 분리형 원형틀 1개 분량

크림치즈 … 200g
사워크림 … 100g
그래뉴당 … 60g
계란 … 1개
전분 … 1큰술
생크림 … 140㎖
레몬즙 … ½큰술

【케이크 시트】
플레인 쿠키(11쪽 참조) … 6개(50g)
호두 … 20g*
무염버터 … 20g

*160℃로 예열한 오븐에서 8분간 구워 잘게 다진다.

준비

- 크림치즈는 전자레인지에서 1분간 가열하여 부드럽게 만든다.
- 틀에 오븐 시트를 깔고 바닥을 이중의 쿠킹 포일로 감싼다.
- 오븐은 170℃로 예열한다.

틀의 바닥과 측면에 오븐 시트를 깔고, 중탕 시 물이 들어오지 않도록 이중의 쿠킹 포일로 틀을 감싼다.

1 시트 만들기

시트는 10쪽을 참조하여 만들고, 손가락으로 눌러가며 틀 전체에 꽉 채운 뒤 냉장실에 넣어둔다.

* 가장자리는 부서지기 쉬우므로 특히 꼼꼼히 누른다.

2 순서대로 재료 섞기

크림치즈를 볼에 담아 거품기로 부드럽게 푼다.

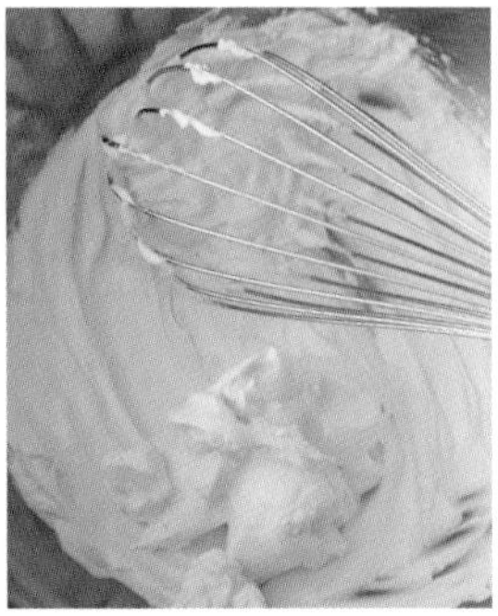

사워크림을 넣고 매끄러워질 때까지 섞다가 그래뉴당을 넣는다.

* 재료를 너무 젓지 않는 것이 포인트. 거품이 나지 않게 한다.

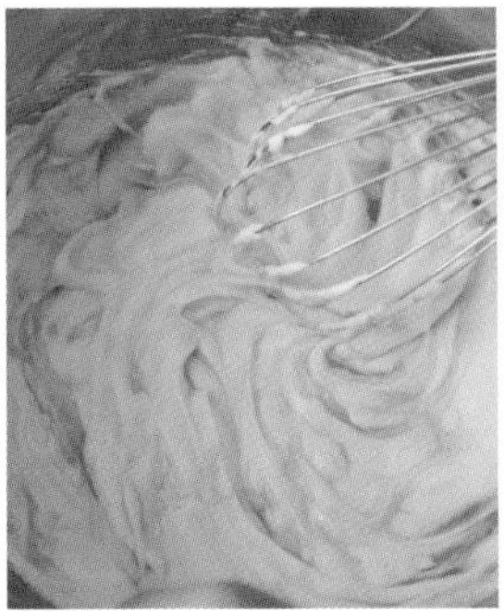

계란을 넣어 빙글빙글 저어 섞는다.

전분⇒생크림⇒레몬즙 순서로 넣고 그때마다 저어준다.

* 전분은 소량이므로 체 치지 않아도 된다.

3 굽기

반죽을 틀에 붓고 기포가 일면 대꼬챙이나 손가락으로 터트린다.

오븐에 넣고, 오븐팬에 뜨거운 물을 1~2cm 높이로 부어 중탕한다(화상 주의). 170℃의 오븐에서 50분간 굽는다. 한 김 식힌 후 틀에서 꺼내어 냉장실에서 하룻밤 식힌다.

* 굽는 도중 물이 부족하면 더 붓는다. 2~3일 두면 맛이 어우러져 더욱 좋다.

Basique 3

Gâteau au parmesan
기본적인 파르메산 치즈 케이크

파르메산 치즈를 넣으면 맛이 깊어집니다.
파르메산 치즈의 짠맛과 거친 식감이 거슬리지 않도록 배합했습니다.
파르미지아노 레지아노 치즈를 갈아서 쓰면,
굽는 동안 향이 확 퍼지며 풍미가 한층 짙어져서
향긋한 치즈 케이크가 완성됩니다.

재료 18×8×높이 6cm의 파운드케이크 틀 1개 분량

크림치즈 … 150g
파르메산 치즈 … 25g
그래뉴당 … 45g
계란 … 1개
전분 … ½큰술
생크림 … 70㎖
레몬즙 … 1작은술

【케이크 시트】
플레인 쿠키(11쪽 참조) … 4개(35g)
호두 … 15g*
무염버터 … 15g

* 160℃로 예열한 오븐에서 8분간 구워 잘게 다진다.

준비

- 크림치즈는 전자레인지에서 1분간 가열하여 부드럽게 만든다.
- 틀에 오븐 시트를 깐다.
- 오븐은 160℃로 예열한다.

1 시트 만들기

시트는 10쪽을 참조하여 만들고, 손가락으로 눌러가며 틀 전체에 꽉 채운 뒤 냉장실에 넣어둔다.

* 가장자리는 부서지기 쉬우므로 더 단단히 채운다.

2 순서대로 재료 섞기

크림치즈를 볼에 담아 거품기로 부드럽게 풀고, 파르메산 치즈를 넣어 섞는다.

그래뉴당, 계란 순으로 넣으며 그때마다 저어준다.

* 재료를 너무 젓지 않는 것이 포인트. 거품이 나지 않게 한다.

파르메산 치즈
이 책에서는 손쉽게 구할 수 있는 가루 치즈를 사용했다. 덩어리 치즈(사진 왼쪽)를 갈아서 사용해도 좋다. 그러면 더욱 진한 짠맛으로 완성된다.

전분을 넣어 섞고,

* 전분은 소량이므로 체 치지 않아도 된다.

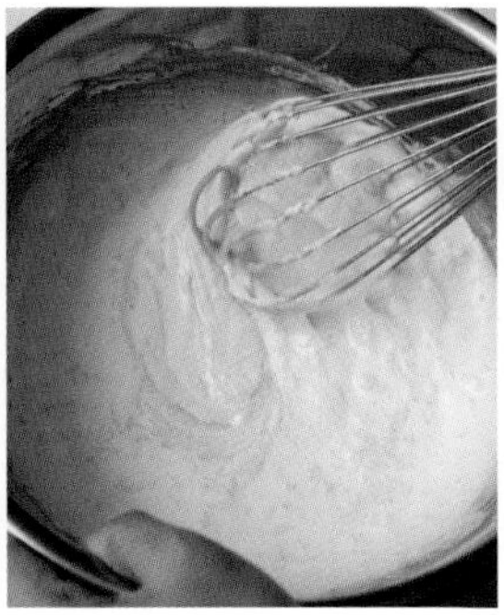

생크림⇒레몬즙 순서로 넣고 그때마다 저어준다.

3 굽기

반죽을 틀에 붓고 기포가 일면 대꼬챙이나 손가락으로 터트린다.

160℃의 오븐에서 40분간 굽는다. 한 김 식힌 후 틀에서 꺼내어 냉장실에서 하룻밤 식힌다.

* 30분 굽고 팬의 앞뒤를 바꿔주면 얼룩이 생기지 않아서 좋다. 2~3일 두면 맛이 어우러져 더욱 좋다.

Basique 4

Gâteau au fromage bleu
기본적인 블루치즈 케이크

블루치즈를 좋아하는 사람도, 잘 못 먹는 사람도 누구나 즐길 수 있는 케이크.
단맛 속에 살짝 푸른곰팡이가 느껴지는 덴마크의 다나블루를 사용했습니다.
겉모습에서도 블루치즈가 느껴지도록 반죽에 완전히 섞지 않고,
절반 정도는 케이크 시트 위에 보슬보슬 흩뿌리는 것이 포인트.
블루치즈를 좋아하는 사람은 양을 늘려보는 것도 좋겠습니다.

재료 지름 15cm의 분리형 원형틀 1개 분량

크림치즈 … 240g
블루치즈 … 60g
그래뉴당 … 50g
꿀 … 50g
계란 … 2개
전분 … 1큰술
생크림 … 160㎖
레몬즙 … $\frac{1}{2}$큰술

【케이크 시트】
플레인 쿠키(11쪽 참조) … 6개(50g)
호두 … 20g*
무염버터 … 20g

* 160℃로 예열한 오븐에서 8분간 구워 잘게 다진다.

준비

- 크림치즈는 전자레인지에서 1분 20초간, 블루치즈는 반죽에 넣을 35g만 따로 20초간 가열하여 부드럽게 만든다.
- 틀에 오븐 시트를 깐다.
- 오븐은 160℃로 예열한다.

❶ 시트 만들기

시트는 10쪽을 참조하여 만들고, 손가락으로 눌러가며 틀 전체에 꽉 채운다. 블루치즈 25g을 거칠게 풀어서 가장자리를 따라 늘어놓고 냉장고에서 식힌다.

* 가장자리는 부서지기 쉬우므로 더 단단히 채운다.

❷ 순서대로 재료 섞기

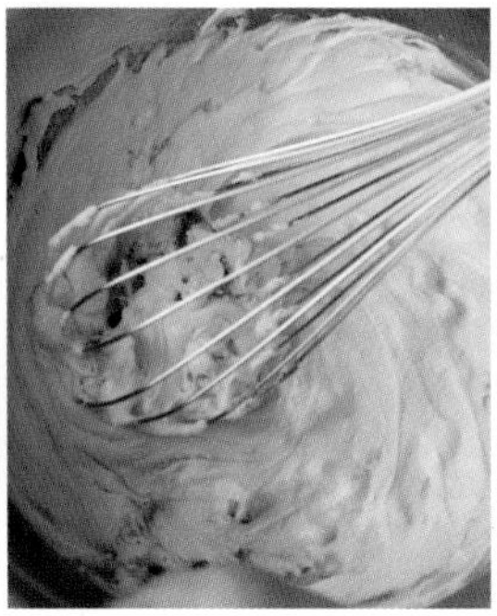

크림치즈를 볼에 담아 거품기로 부드럽게 풀고, 가열하여 부드러워진 블루치즈를 넣어 매끄러워지도록 젓는다.

* 블루치즈 알갱이가 약간 남아 있게 한다.

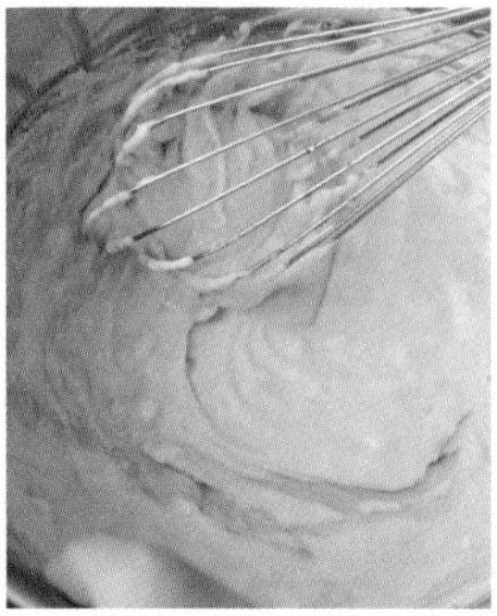

그래뉴당 ⇒ 꿀 순서로 넣고 저어준다.

* 재료를 너무 젓지 않는 것이 포인트. 거품이 나지 않게 한다.

블루치즈
이 책에서는 덴마크의 다나블루를 사용했다. 비교적 저렴하게 살 수 있고 푸른곰팡이가 적당히 들어있다. 다른 블루치즈를 써도 OK. 전자레인지에서 데워 표면이 살짝 녹았을 때 재료로 쓴다.

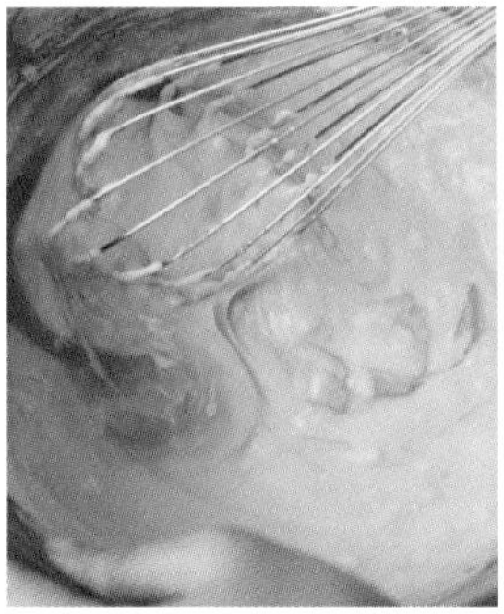

계란을 하나씩 넣으며 젓는다.

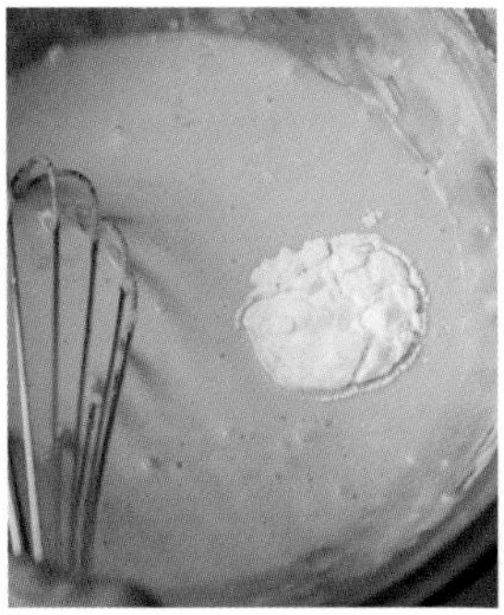

전분 ⇒ 생크림 ⇒ 레몬즙 순서로 넣으며 그때마다 저어준다.

* 전분은 소량이므로 체 치지 않아도 된다.

❸ 굽기

반죽을 틀에 붓고 기포가 일면 대꼬챙이나 손가락으로 터트린다.

160℃의 오븐에서 45분간 굽는다. 한 김 식힌 후 틀에서 꺼내어 냉장실에서 하룻밤 식힌다.

* 30분 굽고 팬의 앞뒤를 바꿔주면 얼룩이 생기지 않아서 좋다. 2~3일 두면 맛이 어우러져 더욱 좋다.

● 크림치즈 200g에 맞추어 만들려면…

크림치즈 200g, 블루치즈 50g, 그래뉴당 40g, 꿀 40g, 계란 1과 $\frac{2}{3}$개, 전분 2와 $\frac{1}{2}$작은술, 생크림 135㎖, 레몬즙 1과 $\frac{1}{2}$작은술, 케이크 시트는 동일하게 ⇒ 160℃의 오븐에서 45분간 굽는다.

Gâteau au camembert

Basique 5

기본적인 카망베르 치즈 케이크

카망베르의 맛을 제대로 살리기 위해 껍질을 벗기거나 다져서 섞지 않고,
조금 과감하게 통째로 바닥에 깔아보았습니다.
크리미한 카망베르와 은은한 산미가 감도는 크림치즈.
이 두 개의 층이 입에 들어갔을 때 자연스럽게 어우러지는 것이 즐겁습니다.
코를 스치는 카망베르의 향이 정말 기분 좋은 치즈 케이크.

재료 지름 12cm의 분리형 원형틀 1개 분량

카망베르 치즈 … 1개(100g)
크림치즈 … 140g
그래뉴당 … 30g
계란 … 1개
전분 … 1작은술
생크림 … 2큰술
레몬즙 … 1작은술

준비

- 크림치즈는 전자레인지에서 1분간 가열하여 부드럽게 만든다.
- 틀에 오븐 시트를 깐다.
- 오븐은 170℃로 예열한다.

1 바닥에 카망베르 깔기

카망베르는 방사형으로 4등분 하여 각각 두께가 반이 되게 자른다.

치즈 껍질이 아래로 가게 틀에 깔아서 채운다.

2 순서대로 재료 섞기

크림치즈를 볼에 담아 거품기로 부드럽게 풀고 그래뉴당을 넣어 젓는다.

* 재료를 너무 젓지 않는 것이 포인트. 거품이 나지 않게 한다.

카망베르 치즈
프랑스 카망베르가 원산지인 흰곰팡이 치즈. 걸쭉하고 부드러운 식감에 도드라지는 맛이 없으며 향이 차분한 제품을 사용했다. 이 책에서는 껍질 부분의 식감을 살려 케이크로 구웠다.

계란을 넣어 젓는다.

전분 ⇒ 생크림 ⇒ 레몬즙 순서로 넣으며 그때마다 저어준다.

* 전분은 소량이므로 체 치지 않아도 된다.

3 굽기

반죽을 틀에 붓고 기포가 일면 대꼬챙이나 손가락으로 터트린다.

170℃의 오븐에서 30분간 굽는다. 한 김 식힌 후 틀에서 꺼내어 냉장실에서 하룻밤 식힌다.

* 20분 굽고 팬의 앞뒤를 바꿔주면 얼룩이 생기지 않아서 좋다. 2~3일 두면 맛이 어우러져 더욱 좋다.

Gâteau au fromage et thé chaï

01 차이 베이크드 치즈 케이크

진한 아삼 홍차에 생강, 시나몬, 너트메그, 흑후추를 섞어 보았습니다.

Gâteau au fromage, mangue et gingembre

02 망고 진저 베이크드 치즈 케이크

새콤달콤한 드라이 망고에 생강을 듬뿍 갈아 넣었습니다.

Gâteau au fromage et thé chaï

01 차이 베이크드 치즈 케이크

홍차와 우유의 궁합이 좋은 것처럼, 크림치즈와 홍차의 궁합도 최고.
스파이시하지만 너무 강하지 않고 비교적 친숙한 시나몬, 너트메그, 흑후추를
살짝 넣어서 우아한 맛을 냅니다. 갈아 넣은 생강에서 깊은 향이 납니다.

재 료 지름 15cm의 분리형 원형틀 1개 분량

크림치즈 … 300g
그래뉴당 … 80g
계란 … 2개
전분 … 1과 ½큰술
생강 간 것 … 10g
시나몬 파우더 … 1작은술
너트메그 파우더 … ½작은술
흑후추 … ½작은술
생크림 … 60㎖
홍차 잎(아삼) … 2큰술
뜨거운 물 … 80㎖

【케이크 시트】
플레인 쿠키(11쪽 참조) … 6개(50g)
호두 … 20g*
무염버터 … 20g

* 160℃로 예열한 오븐에서 8분간 구워 잘게 다진다.

준 비

- 홍차 잎은 뜨거운 물에 5분간 우려내고 꾹 짜서 찻물을 만들어 식힌다.
- 크림치즈는 전자레인지에서 1분 30초간 가열하여 부드럽게 만든다.
- 틀에 오븐 시트를 깐다.
- 오븐은 170℃로 예열한다.

1 케이크 시트를 만든다. 두툼한 비닐봉지에 쿠키를 넣어서 밀대로 부순다. 전자레인지에서 30초간 녹인 버터와 호두를 넣어 섞고, 틀 바닥에 채운 뒤 냉장실에서 식힌다.

2 크림치즈를 볼에 담아 거품기로 부드럽게 풀고 그래뉴당을 넣어 젓는다. 계란(한 개씩) ⇒ 전분 ⇒ 생강과 향신료 ⇒ 생크림 ⇒ 찻물 순서로 넣으며 그때마다 저어준다.

3 반죽을 틀에 붓고 170℃의 오븐에서 45분간 굽는다. 한 김 식힌 후 틀에서 꺼내어 냉장실에서 하룻밤 식힌다.

생강과 향신료
차이에 들어가는 향신료는 생강, 시나몬, 너트메그, 흑후추. 생강은 파우더 제품이 아니라 직접 생강을 갈아 넣어 더욱 깊은 향이 난다. 너트메그는 유제품과 궁합이 좋은 향신료이다.

홍차는 뜨거운 물에 5분간 담갔다가 체에 거르고 고무주걱으로 꾹 눌러서 향을 끌어낸다. 향이 깊고 진해서 밀크티에 이용되는 아삼을 추천한다.

● **크림치즈 200g에 맞추어 만들려면…**

크림치즈 200g, 그래뉴당 55g, 계란 1과 ⅓개, 전분 1큰술, 생강 간 것 6g,
시나몬파우더 ⅔작은술, 너트메그 파우더 ⅓작은술, 흑후추 ⅓작은술, 생크림 40㎖,
홍차 잎 4작은술, 뜨거운 물 55㎖, 시트는 동일하게 ⇒ 170℃의 오븐에서 45분간 굽는다.

Gâteau au fromage, mangue et gingembre

02 망고 진저 베이크드 치즈 케이크

망고의 새콤달콤함 뒤에 길게 여운을 남기는 생강의 향.
꽤 많은 양을 넣지만 전혀 맵지 않고, 마치 상큼한 진저에일 같은 케이크입니다.
밀크 망고 진저에일. 남국의 음료를 연상시키는 치즈 케이크입니다.

재료 지름 15cm의 분리형 원형틀 1개 분량

크림치즈 … 300g
그래뉴당 … 90g
계란 … 2개
전분 … 1큰술
생강 간 것 … 30g
생크림 … 160㎖
레몬즙 … ½큰술
드라이 망고 … 40g

준비

- 크림치즈는 전자레인지에서 1분 30초간 가열하여 부드럽게 만든다.
- 드라이 망고는 1cm 크기로 자른다.
- 틀에 오븐 시트를 깐다.
- 오븐은 170℃로 예열한다.

1 크림치즈를 볼에 담아 거품기로 부드럽게 풀고 그래뉴당을 넣어 젓는다. 계란(한 개씩) ⇒ 전분 ⇒ 생강 ⇒ 생크림 ⇒ 레몬즙의 순서로 넣으며 그때마다 저어준다.

2 바닥에 드라이 망고를 흩뿌리고 반죽을 부어 170℃의 오븐에서 45분간 굽는다. 한 김 식힌 후 틀에서 꺼내어 냉장실에서 하룻밤 식힌다.

생강은 껍질을 벗기고 갈아 30g을 준비한다. 대략 2쪽 분량. 즙뿐만 아니라 섬유질째로 넣으면 생강의 상쾌한 향이 확 퍼진다.

드라이 망고는 1cm 크기로 잘라 틀 바닥에 전체적으로 흩뿌린다. 반죽을 부을 때 움직여서 겹쳐질 수도 있지만 그대로 괜찮다.

● **크림치즈 200g에 맞추어 만들려면…**

크림치즈 200g, 그래뉴당 60g, 계란 1과 ⅓개, 전분 2작은술, 생강 간 것 20g,
생크림 110㎖, 레몬즙 1작은술, 드라이 망고 25g ⇒ 170℃의 오븐에서 45분간 굽는다.

Gâteau au fromage, fraises et vanille

03 딸기 바닐라 베이크드 치즈 케이크

생딸기를 통째로 써서 과즙을 끌어내고, 치즈 반죽은 옅은 색으로 마무리합니다.

Gâteau au fromage new-yorkais au potiron

04 단호박 뉴욕 치즈 케이크

달큰한 단호박에 은은한 시나몬과 너트메그 향이 악센트가 되는 치즈 케이크.

Gâteau au fromage, fraises et vanille

03 딸기 바닐라 베이크드 치즈 케이크

딸기가 볼록 머리를 내밀고 있는 사랑스러운 치즈 케이크.
생딸기를 통째로 넣어 과즙을 끌어내고, 치즈 반죽에는 바닐라 빈을 섞었습니다.
다 쓴 바닐라 껍질을 설탕 속에 묻어놓으면 향이 옮겨가서
바닐라 향 설탕이 되어 여러 가지 과자, 음료에 활용할 수 있습니다.

재료 지름 15cm의 분리형 원형틀 1개 분량

크림치즈 … 150g
그래뉴당 … 40g
계란 … 1개
전분 … ½큰술
바닐라빈 … ¼개
생크림 … 80㎖
레몬즙 … 1작은술
딸기 … 12개(180g)

준비

- 크림치즈는 전자레인지에서 1분간 가열하여 부드럽게 만든다.
- 딸기는 꼭지를 뗀다.
- 틀에 오븐 시트를 깐다.
- 오븐은 170℃로 예열한다.

1 크림치즈를 볼에 담아 거품기로 부드럽게 풀고 그래뉴당을 넣어 젓는다. 계란 ⇒ 전분 ⇒ 바닐라빈(세로로 반을 갈라 씨를 빼낸다) ⇒ 생크림 ⇒ 레몬즙의 순서로 넣으며 그때마다 저어준다.

2 틀 가장자리를 따라 딸기를 늘어놓고 반죽을 부어 170℃의 오븐에서 30분간 굽는다. 한 김 식힌 후 틀에서 꺼내어 냉장실에서 하룻밤 식힌다.

* 딸기에서 즙이 배어 나와 촉촉하고 부드러운 케이크가 된다.

바닐라빈은 세로로 반을 가르고 속에 들어 있는 검고 자잘한 씨를 칼로 긁어서 사용한다. 취향에 따라 1/2개까지 늘리면 콕콕 박힌 바닐라빈의 식감을 즐길 수 있다.

꼭지를 뗀 딸기는 틀 가장자리를 따라 둥글게 늘어놓는다. 이 상태에서 반죽을 부으면 딸기 끝만 살짝 보이는 모양이 된다.

Gâteau au fromage new-yorkais au potiron

04 단호박 뉴욕 치즈 케이크

체에 거른 단호박을 넣어 만든 촉촉한 치즈 케이크.
은은한 시나몬과 너트메그의 향 덕분에 단호박의 달콤함과 치즈의 맛이 조화롭게 어우러집니다. 단호박은 넉넉하게 체에 걸러두면 과자 구울 때나 다른 요리에도 쓸 수 있어 편리합니다.

재료 지름 15cm의 분리형 원형틀 1개 분량

크림치즈 … 100g
사워크림 … 50g
단호박 … ¼개(300g)
그래뉴당 … 60g
계란 … 1개
전분 … 1큰술
시나몬 파우더 … ½작은술
너트메그 파우더 … ¼작은술
생크림…140㎖

【케이크 시트】
플레인 쿠키(11쪽 참조) … 6개(50g)
호두 … 20g*
무염버터 … 20g

* 160℃로 예열한 오븐에서 8분간 구워 잘게 다진다.

준비

- 단호박은 씨와 속을 제거하고 전자레인지에서 4분 30초간 가열하여 체에 걸러 150g을 준비한다.
- 크림치즈는 전자레인지에서 40초간 가열하여 부드럽게 만든다.
- 틀에 오븐 시트를 깔고 바닥을 이중의 쿠킹 포일로 감싼다.
- 오븐은 170℃로 예열한다.

1 케이크 시트를 만든다. 두툼한 비닐봉지에 쿠키를 넣어서 밀대로 부순다. 전자레인지에서 30초간 녹인 버터와 호두를 넣어 섞고, 틀 바닥에 채워서 냉장실에서 식힌다.

2 크림치즈를 볼에 담아 거품기로 부드럽게 풀고 사워크림 ⇒ 단호박 ⇒ 그래뉴당의 순서로 넣으며 계속해서 젓는다. 계란 ⇒ 전분과 향신료 ⇒ 생크림 순서로 넣으며 그때마다 저어준다.

3 반죽을 틀에 부어 오븐에 넣고, 오븐팬에 뜨거운 물을 1~2cm 높이로 부어 중탕한다(13쪽 참조). 170℃의 오븐에서 50분간 굽는다(굽는 도중 물이 부족하면 더 붓는다). 한 김 식힌 후 틀에서 꺼내어 냉장실에서 하룻밤 식힌다.

단호박은 씨와 속을 제거한 후 씻어서 랩을 씌워 전자레인지에서 익힌다. 부드럽게 익으면 한 김 식히고 과육만 숟가락으로 떠서 체에 걸러 150g을 준비한다.

Gâteau au parmesan, caramel et sancho

05 캐러멜 산초(山椒) 파르메산 치즈 케이크

캐러멜 크림은 생크림을 넣지 않고 우유만으로 가볍게 만드는 것이 비결입니다.

Gâteau au fromage new-yorkais, café et écorces d'orange

06 커피 오렌지필 베이크드 치즈 케이크

커피만으로는 다소 흐리던 맛이 오렌지필이 더해지며 인상이 확 바뀝니다.

Gâteau au parmesan, caramel et sancho

05 캐러멜 산초 파르메산 치즈 케이크

레몬처럼 시원한 향의 산초는 크림치즈와 잘 어울립니다.
산초에 대해 생각하다가 장어구이에 바르는 매콤달콤한 소스가 떠올라
캐러멜과 산초도 잘 어울리지 않을까? 이런 생각에 탄생한 레시피.
산초 향을 즐긴다면 조금 더 넣어도 좋습니다.

재료 18×8×높이 6cm의 파운드케이크 틀 1개 분량

크림치즈 … 150g
파르메산 치즈 … 25g
그래뉴당 … 30g
계란 … 1개
전분 … ½큰술
산초 가루 … ¼작은술

【캐러멜 크림】
그래뉴당 … 2큰술
물 … ½큰술
우유 … 60㎖

【케이크 시트】
플레인 쿠키(11쪽 참조) … 4개(35g)
호두 … 15g*
무염버터 … 15g

* 160℃로 예열한 오븐에서 8분간 구워 잘게 다진다.

준비

- 크림치즈는 전자레인지에서 1분간 가열하여 부드럽게 만든다.
- 틀에 오븐 시트를 깐다.
- 오븐은 160℃로 예열한다.

산초 가루
완숙한 산초 과실의 껍질을 건조하여 가루로 만든 것. 찌릿하게 자극적인 매운맛, 시원한 향을 지닌 향신료.

1 케이크 시트를 만든다. 두툼한 비닐봉지에 쿠키를 넣어서 밀대로 부순다. 전자레인지에서 30초간 녹인 버터와 호두를 넣어 섞고, 틀 바닥에 채워서 냉장실에서 식힌다.

2 캐러멜 크림을 만든다. 두툼한 냄비에 그래뉴당과 물을 넣고 중불에서 전체적으로 짙은 갈색이 날 때까지 졸이다가 불을 끈다. 전자레인지에서 40초간 데운 우유를 붓고(튈 수 있으니 조심한다) 잠시 두었다가 주걱으로 섞어서 식힌다.

3 크림치즈를 볼에 담아 거품기로 부드럽게 풀고 파르메산 치즈 ⇒ 그래뉴당의 순서로 넣으며 젓는다. 계란 ⇒ 전분과 산초 가루 ⇒ 캐러멜 크림(한 번 저어서) 순서로 넣고 그때마다 저어준다.

4 반죽을 틀에 붓고 160℃의 오븐에서 40분간 굽는다. 한 김 식힌 후 틀에서 꺼내어 냉장실에서 하룻밤 식힌다.

두툼한 냄비에 그래뉴당과 물을 넣고 중불에서 졸인다. 가장자리부터 갈색빛이 나기 시작하면 냄비를 돌리다가 전체적으로 짙은 갈색이 되면 불을 끈다. 잠깐씩 불에서 떼어 색을 살피는 것이 좋다.

전자레인지에서 40초간 데운 우유를 넣는다. 튈 수 있으니 조심한다.

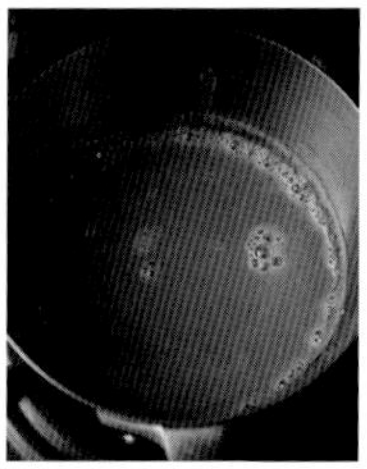

잠깐 두었다 주걱으로 섞은 후 식힌다. 다 식으면 우유 막이 생기지만 신경 쓰지 않아도 된다. 반죽에 섞기 전에 한 번 저어 주면 좋다.

Gâteau au fromage new-yorkais, café et écorces d'orange

06 커피 오렌지필 뉴욕 치즈 케이크

카페오레가 맛있는 것처럼, 크림치즈와 커피가 어울리지 않을 리 없지요.
쌉싸름한 커피 맛에 이어지는 오렌지필의 식감과 상큼한 향.
커피만 있으면 맛이 흐려지기 쉬운데 오렌지필을 더하는 순간 맛의 윤곽이 선명해집니다.
깔끔한 맛이 좋아 쉴 새 없이 손이 가는 케이크입니다.

재료 지름 15cm의 분리형 원형틀 1개 분량

크림치즈 … 200g
사워크림 … 100g
그래뉴당 … 60g
계란 … 1개
전분 … 1큰술
오렌지필(다진 것) … 30g
바닐라 오일 … 약간
인스턴트커피 … 2큰술
생크림 … 140*ml*

준비

- 생크림은 전자레인지에서 1분 30초간 가열하여 커피를 녹인 후 식힌다.
- 크림치즈는 전자레인지에서 1분간 가열하여 부드럽게 만든다.
- 틀에 오븐 시트를 깔고 바닥을 이중의 쿠킹 포일로 감싼다.
- 오븐은 170℃로 예열한다.

1 크림치즈를 볼에 담아 거품기로 부드럽게 풀고 사워크림 ⇒ 그래뉴당의 순서로 넣으며 젓는다. 계란 ⇒ 전분 ⇒ 오렌지필과 바닐라 오일 ⇒ 커피액(한 번 저어서) 순서로 넣고 그때마다 젓는다.

2 반죽을 틀에 부어 오븐에 넣고, 오븐팬에 뜨거운 물을 1~2cm 높이로 부어 중탕한다. 170℃의 오븐에서 55분간 굽는다(굽는 도중 물이 부족하면 더 붓는다). 한 김 식힌 후 틀에서 꺼내어 냉장실에서 하룻밤 식힌다.

＊오렌지필 대신 레몬필을 넣어도 맛있다.

오렌지필
완숙한 발렌시아 오렌지의 껍질을 다져서 서양주와 설탕에 절인 것. 쓴맛이 적어서 껍질을 좋아하지 않는 사람에게도 추천할만하다.

전자레인지에서 데운 생크림에 인스턴트커피를 녹여서 커피액을 만든다. 반죽에 넣기 전에 한 번 젓는다.

Gâteau au fromage crémeux, sans œufs

07 계란을 넣지 않은 밀키 베이크드 치즈 케이크

계란을 넣지 않아 색이 희고 크림치즈의 밀키한 맛이 도드라집니다.

Gâteau au fromage canneberge et amandes

08 크랜베리 아몬드 베이크드 치즈 케이크

새콤달콤한 드라이 크랜베리와 파삭파삭한 슬라이스 아몬드를 토핑해 보았습니다.

Gâteau au fromage du pays basque

09 바스크 치즈 케이크

까만색이 크렘 브륄레* 위의 캐러멜을 연상시킵니다.

* crème brûlée, 차가운 크림 커스터드 위에 유리처럼 얇고 파삭한 캐러멜 토핑을 얹어 내는 프랑스의 디저트.

Gâteau au fromage crémeux, sans œufs

07 계란을 넣지 않은 밀키 베이크드 치즈 케이크

계란과 밀을 먹지 못하는 사람에게 만들어 주고 싶은 치즈 케이크. 반죽은 하얗고 모양은 마치 치즈 같습니다. 맛은 촉촉하고 부드럽지요. 레몬즙을 살짝 넣어 산미를 더해도 좋습니다.

재료 지름 12cm의 분리형 원형틀 1개 분량

크림치즈 … 180g
그래뉴당 … 50g
생크림 … 180㎖
전분 … 2큰술

준비

- 크림치즈는 전자레인지에서 1분간 가열하여 부드럽게 만든다.
- 틀에 오븐 시트를 깐다.
- 오븐은 170℃로 예열한다.

1 크림치즈를 볼에 담아 거품기로 부드럽게 풀고 그래뉴당을 넣어 젓는다. 생크림 ⇒ 전분의 순서로 넣으며 그때마다 저어준다.

2 반죽을 틀에 붓고 170℃의 오븐에서 35분간 굽는다. 한 김 식힌 후 틀에서 꺼내어 냉장실에서 하룻밤 식힌다.

＊구워지며 봉긋 부풀었다가 나중에 가라앉는데 걱정하지 않아도 된다.
＊취향에 따라 레몬즙 1작은술을 더해도 맛있다.

Gâteau au fromage, canneberge et amandes

08 크랜베리 아몬드 베이크드 치즈 케이크

기본적인 반죽에 드라이 크랜베리와 슬라이스 아몬드를 올려 구우면 완성. 단순하지만 크랜베리의 산미가 반죽에 스며들어 새로운 맛을 선사합니다.

드라이 크랜베리
선명한 붉은색에 새콤달콤한 맛. 크림치즈나 요구르트와 궁합이 좋은 크랜베리. 항산화 작용을 하는 프로안토시아닌을 함유하여 안티에이징, 미백 효과도 기대해 볼 수 있다.

재료 지름 15cm의 분리형 원형틀 1개 분량

크림치즈 … 300g
그래뉴당 … 90g
계란 … 2개
전분 … 1큰술
생크림 … 160㎖
레몬즙 … ½큰술
| 드라이 크랜베리 … 20g
| 슬라이스 아몬드 … 15g

【케이크 시트】
플레인 쿠키(11쪽 참조) … 6개(50g)
호두 … 20g*
무염버터 … 20g

＊160℃로 예열한 오븐에서 8분간 구워 잘게 다진다.

준비

- 크림치즈는 전자레인지에서 1분 30초간 가열하여 부드럽게 만든다.
- 틀에 오븐 시트를 깐다.
- 오븐은 170℃로 예열한다.

1 케이크 시트를 만든다. 두툼한 비닐봉지에 쿠키를 넣어서 밀대로 부순다. 전자레인지에서 30초간 녹인 버터와 호두를 넣어 섞고, 틀 바닥에 채워서 냉장실에서 식힌다.

2 볼에 담은 크림치즈를 거품기로 부드럽게 풀고 그래뉴당을 넣어 젓는다. 계란(한 개씩) ⇒ 전분 ⇒ 생크림 ⇒ 레몬즙의 순서로 넣으며 그때마다 젓는다.

3 반죽을 틀에 붓고 슬라이스 아몬드, 드라이 크랜베리 순서로 표면 전체에 흩뿌린다. 170℃의 오븐에서 45분간 굽는다. 한 김 식힌 후 틀에서 꺼내어 냉장실에서 하룻밤 식힌다.

● **크림치즈 200g에 맞추어 만들려면…**

크림치즈 200g, 그래뉴당 60g, 계란 1과 ⅓개, 전분 2작은술, 생크림 110㎖, 레몬즙 1작은술, 드라이 크랜베리 15g, 슬라이스 아몬드 10g, 시트는 동일하게 ⇒ 170℃의 오븐에서 45분간 굽는다.

Gâteau au fromage du pays basque

09 바스크 치즈 케이크

스페인 북부 지방인 산 세바스티안의 바에서 만난 치즈 케이크.
그곳에서는 남녀노소 누구나 와인에 치즈 케이크를 맛있게 먹고 있었습니다.
외관도 강렬한 이 치즈 케이크는 맛이 진하면서도 끝 맛이 깔끔해서
얼마든지 더 먹을 수 있을 정도. 가루를 넣지 않아 매끄러운 식감이 매력적입니다.

재 료 지름 12cm의 분리형 원형틀 1개 분량

크림치즈 … 280g
그래뉴당 … 90g
계란 … 2개
생크림 … 70㎖

준 비

- 크림치즈는 전자레인지에서 1분 30초간 가열하여 부드럽게 만든다.
- 틀에 오븐 시트를 깐다.
- 오븐은 250℃로 예열한다.

1 크림치즈를 볼에 담아 거품기로 부드럽게 풀고 그래뉴당을 넣어 섞는다. 계란(한 개씩) ⇒ 생크림의 순서로 넣으며 그때마다 젓는다.

2 반죽을 틀에 붓고 250℃의 오븐에서 25분간 굽는다. 한 김 식힌 후 틀에서 꺼내어 냉장실에서 하룻밤 식힌다.
* 윗면의 구워진 색이 연하면 시간을 5~10분 정도 늘린다.

바스크의 바에서는 얇게 슬라이스 한 케이크를 2조각씩 담아 제공한다. 숟가락으로 먹는 것도 특징.

오븐 시트 까는 법

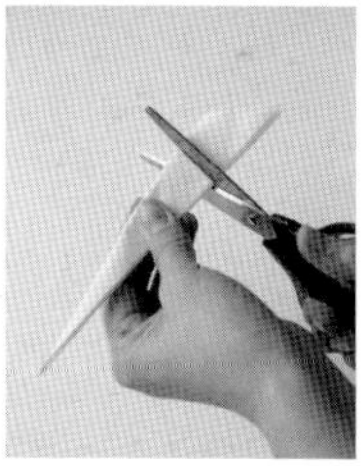

오븐 시트는 25X25cm 크기의 사각형으로 잘라 대각선으로 반, 그 반, 또 그 반으로 접어서 가늘게 만들고 튀어 나온 부분을 잘라 지름 25cm로 만든다.

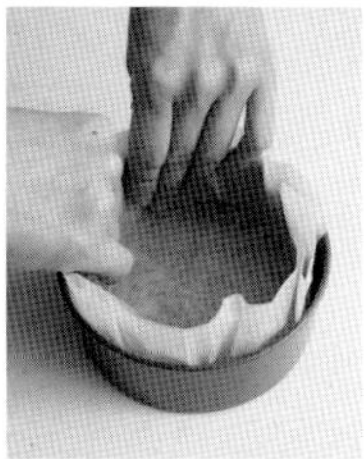

틀의 한가운데에 맞추어 깔고 가장자리는 가볍게 접어서 정리한다.

반죽이 부풀어 오르므로 옆면은 틀보다 3cm 높게 한다.

이 치즈 케이크는 고온에서 굽는 것이 중요하다. 갓 구웠을 때는 부풀어 있으며 짙은 갈색빛이 난다. 바닥과 옆면도 갈색이 나는 것이 이상적이다. 새까매질 때까지 구우면 쓴맛이 나므로 주의한다.

● 크림치즈 200g에 맞추어 만들려면…

크림치즈 200g, 그래뉴당 65g, 계란 1과 ½개, 생크림 50㎖
⇒ 250℃의 오븐에서 25분간 굽는다.

Gâteau au parmesan, rhum et raisins secs

10 럼 레이즌 파르메산 치즈 케이크

감칠맛이 풍부한 파르메산 치즈에는 달짝지근한 럼주의 향이 딱 어울립니다.

Gâteau renversé au parmesan et ananas

11 파인애플 업사이드다운 파르메산 치즈 케이크

바닥에 파인애플을 깔아서 뒤집으면 레트로 분위기가 귀여운 케이크가 됩니다.

Gâteau au parmesan, rhum et raisins secs

10 럼 레이즌 파르메산 치즈 케이크

맛이 진한 파르메산 치즈 케이크에 럼주에 푹 절인 건포도를 조합해 보았습니다.
케이크 시트에 넣은 호두의 고소한 향과 어우러져 한층 깊은 맛이 납니다.
얇게 잘라 와인과 함께 어른스러운 디저트로 즐겨도 좋겠지요.

재 료 18×8×높이 6cm의 파운드케이크 틀 1개 분량

크림치즈 … 150g
파르메산 치즈 … 25g
그래뉴당 … 45g
계란 … 1개
전분 … ½큰술
생크림 … 70㎖
레몬즙 … 1작은술

【럼 레이즌】
건포도 … 20g
럼주 … 1큰술

【케이크 시트】
플레인 쿠키(11쪽 참조) … 4개(35g)
호두 … 15g*
무염버터 … 15g

* 160℃로 예열한 오븐에서 8분간 구워 잘게 다진다.

준 비

- 럼주에 하룻밤 이상 재워둔 건포도를 키친타월 위에 올려놓고 물기를 제거한다.
- 크림치즈는 전자레인지에서 1분간 가열하여 부드럽게 만든다.
- 틀에 오븐 시트를 깐다.
- 오븐은 160℃로 예열한다.

1 케이크 시트를 만든다. 두툼한 비닐봉지에 쿠키를 넣어서 밀대로 부순다. 전자레인지에서 30초간 녹인 버터와 호두를 넣어 섞고, 틀 바닥에 채워서 냉장실에서 식힌다.

2 크림치즈를 볼에 담아 거품기로 부드럽게 풀고, 파르메산 치즈 ⇒ 그래뉴당의 순서로 넣으며 계속해서 젓는다. 계란 ⇒ 전분 ⇒ 생크림 ⇒ 레몬즙의 순서로 넣으며 그때마다 젓는다.

3 시트 위에 건포도를 흩뿌리고 반죽을 부어 160℃의 오븐에서 40분간 굽는다. 한 김 식힌 후 틀에서 꺼내어 냉장실에서 하룻밤 식힌다.

* 럼 레이즌은 상온에서 1년 정도 보관할 수 있다. 제과에 다양하게 활용할 수 있으므로 적당량을 만들어두면 좋다.

럼 레이즌
건포도가 잠길 듯 말 듯하게 럼주를 붓고 하룻밤 재우면 럼 레이즌이 완성. 치즈 케이크 외에도 파운드 케이크, 쿠키 등 다양한 과자에 넣을 수 있다.

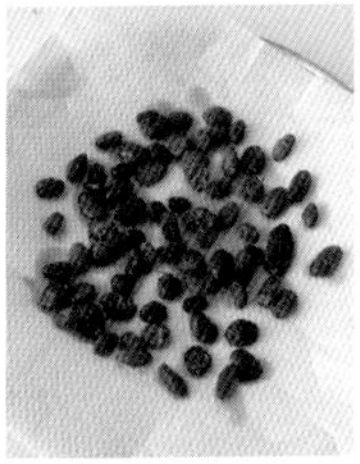

럼 레이즌은 키친타월에서 물기를 뺀 후 사용한다. 그렇지 않으면 케이크 시트가 축축해진다.

Gâteau renversé au parmesan et ananas

11 파인애플 업사이드다운 파르메산 치즈 케이크

열대 과일의 대표주자 파인애플은 치즈 케이크와 환상의 궁합.
파운드케이크 틀에 링 파인애플 두 개가 딱 맞는 크기입니다.
케이크를 구워 뒤집으면 귀여운 업사이드다운 치즈 케이크 완성.

재료 18×8×높이 6cm의 파운드케이크 틀 1개 분량

크림치즈 … 150g
파르메산 치즈 … 25g
그래뉴당 … 45g
계란 … 1개
전분 … ½큰술
생크림 … 70*ml*
레몬즙 … 1작은술
파인애플(얇은 슬라이스 통조림) … 2장

준비

- 크림치즈는 전자레인지에서 1분간 가열하여 부드럽게 만든다.
- 파인애플은 키친타월로 물기를 제거한다.
- 틀에 오븐 시트를 깐다.
- 오븐은 160℃로 예열한다.

1 크림치즈를 볼에 담아 거품기로 부드럽게 풀고, 파르메산 치즈 ⇒ 그래뉴당의 순서로 넣으며 저어준다. 계란 ⇒ 전분 ⇒ 생크림 ⇒ 레몬즙의 순서로 넣으며 그때마다 젓는다.

2 틀 바닥에 파인애플을 깔고 반죽을 부어 160℃의 오븐에서 40분간 굽는다. 한 김 식힌 후 틀에서 꺼내어 냉장실에서 하룻밤 식힌다.

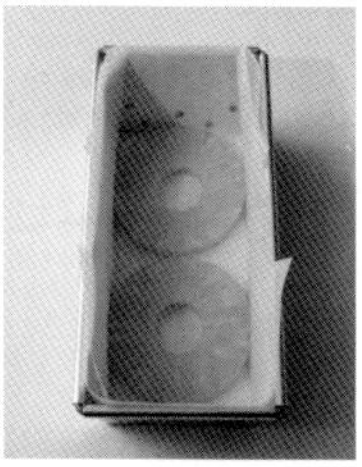

파인애플은 자르지 않고 통째로 바닥에 두 개를 깐다. 케이크를 구워낸 후 뒤집어서 그릇에 담으면 귀여운 파인애플의 모습이 드러난다.

Gâteau au fromage, chocolat et cerises noires

12 초콜릿 다크 체리 베이크드 치즈 케이크

쓴맛이 적은 스위트 초콜릿을 사용해
부드러운 맛을 내었습니다.

Gâteau au fromage bleu et à la banane

13 바나나 블루치즈 케이크

구우면 더 달콤해지는 바나나와
블루치즈의 짭짤함이 복잡하게 섞인 케이크

Gâteau au fromage bleu et aux écorces de citron

14 레몬필 블루치즈 케이크

조금은 의외의 조합. 레몬의 산미가
신기하게도 잘 어우러집니다.

Gâteau au fromage, chocolat et cerises noires

12 초콜릿 다크 체리 베이크드 치즈 케이크

초콜릿이 들어간 과자는 무거울 것 같은 인상이지만, 쓴맛이 적은 스위트 초콜릿을 사용해서 먹기 쉬운 맛입니다.
다크 체리의 은은한 산미와 식감이 어우러져, 깔끔한 맛이 입안에서 매끄럽게 녹으며 여운을 남깁니다.
셰리나 바뉴루스(달콤하고 도수가 높은 와인)에 곁들이는 것도 추천합니다.

재 료 **지름 15cm의 분리형 원형틀 1개 분량**

크림치즈 … 300g
그래뉴당 … 60g
계란 … 2개
| 제과용 초콜릿(스위트) … 60g
| 생크림 … 140㎖
다크 체리(캔) … 18알

준 비

- 전자레인지에서 1분 30초간 가열한 생크림에 잘게 다진 초콜릿을 넣는다. 1분간 두었다가 저어서 녹인 후 식힌다.
- 크림치즈는 전자레인지에서 1분 30초간 가열하여 부드럽게 만든다.
- 다크 체리는 키친타월로 물기를 제거한다.
- 틀에 오븐 시트를 깐다.
- 오븐은 170℃로 예열한다.

1 크림치즈를 볼에 담아 거품기로 부드럽게 풀고 그래뉴당을 넣어 섞는다. 계란(한 개씩) ⇒ 녹인 초콜릿(한 번 저어서)의 순서로 넣으며 그때마다 젓는다.

2 틀 가장자리를 따라 다크 체리를 늘어놓고 반죽을 부어 170℃의 오븐에서 45분간 굽는다. 한 김 식힌 후 틀에서 꺼내어 냉장실에서 하룻밤 식힌다.
＊가루 재료를 쓰지 않고 초콜릿만으로 만들어 부드러운 케이크가 된다.

제과용 스위트 초콜릿
카카오 분말 56%. 플레이크 형태로 되어 있어 다질 필요가 없고 입에서 부드럽게 녹는다. 비터 초콜릿보다 쓴맛이 적어 치즈와 잘 어울린다.

다크 체리 캔
씨를 뺀 체리를 시럽에 절인 것으로, 새콤하고 달콤한 맛이 절묘하게 조화를 이룬다. 초콜릿과의 궁합도 최고.

초콜릿은 잘게 다져 전자레인지에서 데운 생크림에 1분간 담가두었다가 고무주걱으로 섞는다. 큰 덩어리가 녹으면 자잘한 알갱이가 조금 남아있어도 괜찮다.

● **크림치즈 200g에 맞추어 만들려면…**

크림치즈 200g, 그래뉴당 40g, 계란 1과 ⅓개, 제과용 초콜릿 40g, 생크림 95㎖, 다크 체리(캔) 18알 ⇒ 170℃의 오븐에서 45분간 굽는다.

Gâteau au fromage bleu et à la banane

13 바나나 블루치즈 케이크

달콤한 바나나와 짭짤한 블루치즈의 조합이 최고. 익혀서 더 부드럽고 달콤해진 바나나와 짭짤한 곰팡이의 맛.
여운이 긴 두 가지 개성이 어우러져 복잡하고 맛있는 케이크가 탄생합니다.

재료

지름 15cm의 분리형 원형틀 1개 분량

크림치즈 … 240g
블루치즈 … 60g
그래뉴당 … 45g
꿀 … 45g
계란 … 2개
전분 … 1큰술
생크림 … 140㎖
레몬즙 … ½큰술
바나나 … 약 ⅔개(정미 70g)

준비

- 크림치즈는 전자레인지에서 1분 20초간 가열하여 부드럽게 만든다.
- 바나나는 5mm 두께로 자른다.
- 틀에 오븐 시트를 깐다.
- 오븐은 160℃로 예열한다.

● 크림치즈 200g에 맞추어 만들려면…

크림치즈 200g, 블루치즈 50g, 그래뉴당 35g, 꿀 40g, 계란 1과 ⅔개,
전분 2와 ½작은술, 생크림 115㎖, 레몬즙 1과 ½작은술, 바나나 60g
⇒ 160℃의 오븐에서 50분간 굽는다.

1 크림치즈를 볼에 담아 거품기로 부드럽게 풀고, 블루치즈 ⇒ 그래뉴당 ⇒ 꿀의 순서로 넣으며 저어준다.
계란(1개씩) ⇒ 전분 ⇒ 생크림 ⇒ 레몬즙의 순서로 넣으며 그때마다 젓는다.

2 틀에 반죽을 붓고 바나나를 전체적으로 올려 160℃의 오븐에서 50분간 굽는다. 한 김 식힌 후 틀에서 꺼내어 냉장실에서 하룻밤 식힌다.

＊ 바나나의 수분 덕에 다소 부드러운 케이크가 된다.

Gâteau au fromage bleu et aux écorces de citron

14 레몬필 블루치즈 케이크

블루치즈와 궁합이 좋을 것 같던 과일이 막상 치즈 케이크로 만들어보면 그저 그렇고….
의외로 레몬필과 딱 맞아떨어졌을 때 정말 기뻤습니다.

재료

지름 15cm의 분리형 원형틀 1개 분량

크림치즈 … 240g
블루치즈 … 60g
그래뉴당 … 50g
꿀 … 50g
계란 … 2개
전분 … 1큰술
생크림 … 160㎖
레몬즙 … ½큰술
레몬필(다진 것) … 30g

준비

- 크림치즈는 전자레인지에서 1분 20초간 가열하여 부드럽게 만든다.
- 틀에 오븐 시트를 깐다.
- 오븐은 160℃로 예열한다.

● 크림치즈 200g에 맞추어 만들려면…

크림치즈 200g, 블루치즈 50g, 그래뉴당 40g,
꿀 40g, 계란 1과 ⅔개, 전분 2와 ½작은술,
생크림 135㎖, 레몬즙 1과 ½작은술, 레몬필 25g
⇒ 160℃의 오븐에서 45분간 굽는다.

1 크림치즈를 볼에 담아 거품기로 부드럽게 풀고, 블루치즈 ⇒ 그래뉴당 ⇒ 꿀의 순서로 넣으며 젓는다.
계란(1개씩) ⇒ 전분 ⇒ 생크림 ⇒ 레몬즙의 순서로 넣으며 계속해서 저어준다.

2 틀에 레몬필을 흩뿌리고 반죽을 부어 160℃의 오븐에서 45분간 굽는다. 한 김 식힌 후 틀에서 꺼내어 냉장실에서 하룻밤 식힌다.

레몬필
완숙한 레몬의 껍질을 다져서 설탕과 서양주에 푹 절인 것. 알맞은 크기, 적당한 수분을 머금고 있는 것이 좋다.

Gâteau au fromage, rhum et pâte de haricots rouges

15 팥 앙금과 럼 베이크드 치즈 케이크

팥 앙금과 잘 어울리는 흑설탕으로 진한 단맛을 내보았습니다.

Gâteau au fromage new-yorkais, thé matcha et marrons

16 말차와 밤 뉴욕 치즈 케이크

프랑스에서도 인기가 높은 말차 디저트. 밤은 속껍질째 절인 것을 사용합니다.

Gâteau au fromage, rhum et pâte de haricots rouges

15 팥 앙금과 럼 베이크드 치즈 케이크

팥과 크림치즈라는 인기 만점 조합을 살짝 응용.
시트에는 드라이 무화과의 오독오독한 식감, 호두의 고소하고 바삭한 맛,
그리고 럼주를 넣어 선명한 맛을 냅니다.
더 어른스러운 맛을 원한다면 럼주를 2큰술까지 늘려도 좋습니다.

재료 지름 15cm의 분리형 원형틀 1개 분량

크림치즈 … 300g
흑설탕(분말) … 50g
계란 … 2개
전분 … 1큰술
생크림 … 160㎖
레몬즙 … ½큰술
팥소(팥알이 남아있는 것도 OK) … 120g
럼주 … 2작은술
드라이 무화과 … 35g
호두 … 20g

준비

- 호두는 160℃로 예열한 오븐에서 8분간 구워 드라이 무화과와 함께 1.5cm 크기로 자른다.
- 크림치즈는 전자레인지에서 1분 30초간 가열하여 부드럽게 만든다.
- 틀에 오븐 시트를 깐다.
- 오븐은 170℃로 예열한다.

● 크림치즈 200g에 맞추어 만들려면…

크림치즈 200g, 흑설탕 35g, 계란 1과 ⅓개, 전분 2작은술, 생크림 110㎖, 레몬즙 1작은술, 팥소 80g, 럼주 1과 ⅓작은술, 드라이 무화과 25g, 호두 15g ⇒ 170℃의 오븐에서 40분간 굽는다.

1 볼에 팥소와 럼주를 담아 고무 주걱으로 섞은 후, 틀 가장자리에서 1cm 안쪽으로 잘 펴서 깔아준다. 무화과와 호두를 전체적으로 흩뿌리고 손으로 누른다. 틀 옆면에 오븐 시트를 둘러준다.
2 크림치즈를 볼에 담아 거품기로 부드럽게 풀고 흑설탕을 넣어 젓는다. 계란(1개씩) ⇒ 전분 ⇒ 생크림 ⇒ 레몬즙의 순서로 넣으며 그때마다 젓는다.
3 틀에 반죽을 붓고 170℃의 오븐에서 40분간 굽는다. 한 김 식힌 후 틀에서 꺼내어 냉장실에서 하룻밤 식힌다.

팥소
팥 향과 부드러운 단맛, 매끄러운 식감이 양과자와도 잘 어울린다.

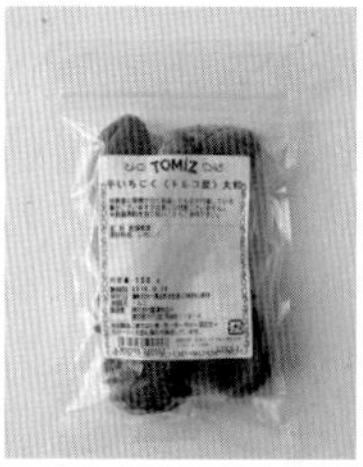

드라이 무화과
알이 굵은 터키산 무화과는 과육이 부드럽고 촉촉하며 알알이 씹히는 식감이 좋다.

팥소에 럼주를 섞어 바닥에 편다. 가장자리에 1cm를 남기는 것은 팥소가 틀에 눌어붙어 틀에서 잘 빠지지 않을 수 있기 때문.

앙금 위에 드라이 무화과와 호두를 흩뿌리고 손으로 살짝 누른다. 들러붙으므로 옆면의 오븐 시트는 이 작업 후에 두른다.

Gâteau au fromage new-yorkais, thé matcha et marrons

16 말차와 밤 뉴욕 치즈 케이크

이제는 해외에서도 사랑받는 말차. 말차를 활용한 디저트는 프랑스에서도 인기 만점.
속껍질째 절인 밤 알갱이의 단맛이 말차의 상쾌한 쓴맛을 돋우고
사워크림의 산미가 끝 맛을 산뜻하게 해줍니다.
마무리로 다진 밤을 장식해도 좋습니다.

재료 지름 15cm의 분리형 원형틀 1개 분량

크림치즈 … 200g
사워크림 … 100g
그래뉴당 … 60g
계란 … 1개
말차 … ½큰술
전분 … 1큰술
생크림 … 140ml
속껍질째 절인 밤(시판제품, 혹은 달게 졸인 것) … 8개

준비

- 크림치즈는 전자레인지에서 1분간 가열하여 부드럽게 만든다.
- 말차와 전분은 작은 볼에 담아 포크로 빙글빙글 저어 섞는다.
- 밤은 키친타월로 물기를 제거하고 세로로 반을 가른다.
- 틀에 오븐 시트를 깔고 겉을 이중의 쿠킹 포일로 감싼다.
- 오븐은 170℃로 예열한다.

1 크림치즈를 볼에 담아 거품기로 부드럽게 풀고, 사워크림 ⇒ 그래뉴당의 순서로 넣으며 저어준다. 계란 ⇒ 말차 + 전분 ⇒ 생크림의 순서로 넣으며 그때마다 젓는다.

2 틀 가장자리를 따라 밤을 늘어놓고 반죽을 부어 오븐에 넣는다. 오븐팬에 뜨거운 물을 1~2cm 높이로 부어 중탕으로 170℃의 오븐에서 50~55분간 굽는다(굽는 도중 물이 부족하면 더 붓는다). 한 김 식힌 후 틀에서 꺼내어 냉장실에서 하룻밤 식힌다.

제과용 말차
찻잎 100%로 만든 제과용 말차. 일반적인 말차보다 더 곱게 갈아져 있어 반죽에 균일하게 섞이는 것이 특징.

속껍질째 절인 밤
밤의 속껍질을 남기고 푹 끓여서 속까지 단맛이 스며들어 있다. 진공 포장되어 있어 사용이 편리하다.

Gâteau au fromage bleu et aux pruneaux

17 프룬 블루치즈 케이크

향신료와 와인에 절인 프룬을 블루치즈 반죽에 넣어보았습니다.

Gâteau au camembert et aux pommes façon crumble

18 사과 크럼블 카망베르 치즈 케이크

프랑스 카망베르 마을은 사과의 산지. 사과와 카망베르 치즈는 아주 인기 있는 조합입니다.

Gâteau au fromage bleu et aux pruneaux

17 프룬 블루치즈 케이크

드라이 프룬을 시나몬, 팔각과 함께 레드 와인에 끓여내 블루치즈에 섞어보았습니다.
프룬 와인 졸임액이 남아있으면 반죽에 넣어도 좋지요.
과일 맛의 레드 와인(메를로, 그르나슈)이나 스파이시 레드 와인(시라)과 느긋하게 즐겨보길 권합니다.

재료 지름 15cm의 분리형 원형틀 1개 분량

크림치즈 … 240g
블루치즈 … 60g
그래뉴당 … 50g
꿀 … 50g
계란 … 2개
전분 … 1큰술
생크림 … 160㎖
레몬즙 … ½큰술

【프룬 와인 졸임】
드라이 프룬(씨 없는 것) … 100g
레드 와인 … 60㎖
시나몬 스틱 … ½개
팔각(통으로) … ½개

준비

- 크림치즈는 전자레인지에서 1분 20초간 가열하여 부드럽게 만든다.
- 틀에 오븐 시트를 깐다.

1 와인에 프룬을 졸인다. 냄비에 프룬 졸임 재료를 모두 넣고 익히다가 끓어오르면 와인이 거의 없어질 때까지 중불에서 2~3분간 졸인 후 식힌다. 오븐을 160℃로 예열한다.

2 크림치즈를 볼에 담아 거품기로 부드럽게 풀고, 블루치즈 ⇒ 그래뉴당 ⇒ 꿀의 순서로 넣으며 저어준다. 계란(1개씩) ⇒ 전분 ⇒ 생크림 ⇒ 레몬즙 ⇒ 프룬 와인 졸임액(남아 있으면)의 순서로 넣으며 그때마다 젓는다.

3 와인에 졸인 프룬을 반으로 잘라 틀 가장자리를 따라 늘어놓고 반죽을 부어 160℃의 오븐에서 45~50분간 굽는다. 한 김 식힌 후 틀에서 꺼내어 냉장실에서 하룻밤 식힌다.

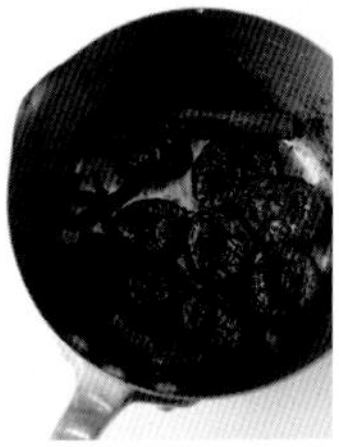

프룬 와인 졸임
냄비에 재료를 넣고 끓이다가 중불에서 물기가 거의 없어질 때까지 2~3분간 졸이면 완성. 그대로 식혀서 쓰고 남아있는 졸임액은 반죽에 넣는다.

와인에 졸인 프룬을 반으로 잘라 틀 가장자리를 따라 두른다. 물기가 거의 남지 않으므로 따로 닦을 필요는 없다.

● **크림치즈 200g에 맞추어 만들려면…**

크림치즈 200g, 블루치즈 50g, 그래뉴당 40g, 꿀 40g, 계란 1과 ⅔개, 전분 2와 ½작은술, 생크림 135㎖, 레몬즙 1과 ½작은술, 【프룬 와인 졸임】 드라이 프룬 85g, 레드 와인 50㎖, 시나몬스틱 ½개, 팔각(통으로) ½개 ⇒ 160℃의 오븐에서 45~50분간 굽는다.

Gâteau au camembert et aux pommes façon crumble

18 사과 크럼블 카망베르 치즈 케이크

생사과를 그대로 사용해서 과정이 간단합니다. 케이크가 구워지는 동안
과즙이 촉촉하게 배어 나와 딱 좋은 식감이 되지요. 위에는 향을 낸 크럼블을 올리고요.
구운 다음 날 크럼블의 식감이 더 바삭해져서 저는 그때 먹는 것을 좋아합니다.
카망베르 마을의 사과 발포주 시드르에 곁들여 먹는 것을 추천합니다.

재료 **지름 12cm의 분리형 원형틀 1개 분량**

카망베르 치즈 … 1개(100g)
크림치즈 … 140g
그래뉴당 … 30g
계란 … 1개
전분 … 1작은술
생크림 … 2큰술
레몬즙 … 1작은술

【필링】
사과 … 약 1/6개(정미 40g)
그래뉴당 … 1/2작은술
시나몬파우더 … 1/4작은술
레몬즙 … 1/4작은술

【크럼블】
제과용 쌀가루(혹은 박력분) … 10g
아몬드파우더 … 10g
무염버터 … 10g
그래뉴당 … 10g
시나몬파우더 … 1/4작은술
클로브파우더 … 1/8작은술

준비

- 크림치즈는 전자레인지에서 1분간 가열하여 부드럽게 만든다.
- 사과는 껍질을 벗기고 3mm 두께로 반달썰기 한다.
- 틀에 오븐 시트를 깐다.

1 크럼블을 만든다. 볼에 크럼블 재료를 모두 넣고 손가락으로 비벼 버터를 자잘하게 만든다. 양손으로 전체적으로 비벼 재료를 섞고 소보로 상태로 만든다. 냉장실에 15분간 둔다. 오븐을 170℃로 예열한다.

2 카망베르는 방사형으로 4등분 하고 각각 두께가 반이 되게 자른다. 치즈 껍질이 아래로 가게 하여 틀 바닥에 채운다.

3 크림치즈를 볼에 담아 거품기로 부드럽게 풀고 그래뉴당을 넣어 젓는다. 계란 ⇒ 전분 ⇒ 생크림 ⇒ 레몬즙의 순서로 넣으며 그때마다 젓는다.

4 틀 바닥에 깐 카망베르 위에 사과를 늘어놓는다(가운데 부분은 비워둔다). 그 위에 그래뉴당, 시나몬, 레몬즙 순서로 뿌린다. 반죽을 붓고 준비해둔 크럼블을 가볍게 풀어가며 흩뿌린다. 170℃의 오븐에서 35분간 굽는다. 한 김 식힌 후 틀에서 꺼내어 냉장실에서 하룻밤 식힌다.

바닥에 깐 카망베르 위에 사과를 늘어놓는다. 나중에 케이크를 자르기 쉽도록 가운데 부분에는 사과를 놓지 않는다. 그 위로 그래뉴당, 시나몬, 레몬즙을 뿌린다.

크럼블 만들기
볼에 재료를 담고 손가락으로 버터를 잘게 부순다. 버터가 녹아내리지 않도록 사용 직전까지 냉장실에 넣어두는 것이 좋다.

버터가 자잘해지면 양손으로 비비며 전체적으로 섞는다. 그 후 조금씩 쥐어가며 소보로 상태로 만들고 냉장실에서 15분 휴지시킨다.

사용할 때는 손으로 가볍게 풀면서 알이 굵은 소보로 상태로 반죽 전체에 흩뿌린다.

Gâteaux aux fromages divers européens

Chapitre **2**

여러 가지 치즈와 유럽의 베이크드 치즈 케이크

네덜란드, 영국, 프랑스의 세미 하드 치즈와 하드 치즈를 이용한 치즈 케이크입니다.
치즈의 감칠맛이 확연히 느껴지는 케이크를 커피, 홍차, 와인과 함께 즐겨보세요.
유럽의 치즈 케이크는 독일, 폴란드, 프랑스가 유명하지요.
모두 과정이 간단하고 각 가정마다 대대로 전해오는 레시피가 있다고 합니다.

Gâteau au gouda et aux noix

01 고다 너트 베이크드 치즈 케이크

부드러운 맛으로 누구나 즐길 수 있는 고다 치즈에 세 가지 너트를 올렸습니다.

Gâteau au cheddar et aux abricots

02 체더 살구 베이크드 치즈 케이크

레드 체더를 사용한 오렌지빛 케이크.
마찬가지로 오렌지빛이 나는 살구를 조합했습니다.

Gâteau au gouda et aux noix

01 고다 너트 베이크드 치즈 케이크

네덜란드산 고다 치즈를 넣은 케이크.
너트를 듬뿍 올려서 구우면 고다 치즈의 향이 확 퍼집니다.
굽고 나서 2~3일 후 맛이 어우러졌을 때 먹어도 좋지만
바삭한 너트의 식감을 즐기려면 만든 다음 날 먹는 것을 추천합니다.

재 료 지름 12cm의 분리형 원형틀 1개 분량

크림치즈 … 100g
그래뉴당 … 50g
계란 … 1개
전분 … 2작은술
레몬즙 … 1작은술
| 고다 치즈 … 80g
| 생크림 … 90ml
호두 … 20g
통 아몬드 … 15g
피스타치오 … 6알

준 비

- 고다 치즈는 5mm 크기로 잘라서 생크림과 함께 전자레인지에서 1분 30초간 가열해 녹인 후 식혀둔다.
- 크림치즈는 전자레인지에서 40초간 가열하여 부드럽게 만든다.
- 호두는 4등분, 아몬드는 3등분으로 자른다.
- 틀에 오븐 시트를 깐다.
- 오븐은 160℃로 예열한다.

1 크림치즈를 볼에 담아 거품기로 부드럽게 풀고 그래뉴당을 넣어 젓는다. 계란 ⇒ 전분 ⇒ 레몬즙 ⇒ 녹인 고다 치즈(한 번 저어서)의 순서로 넣으며 그때마다 젓는다.

2 반죽을 틀에 붓고 너트를 전체적으로 흩뿌린 후 160℃의 오븐에서 35분간 굽는다. 한 김 식힌 후 틀에서 꺼내어 냉장실에서 하룻밤 식힌다.

* 25분 굽고 팬의 앞뒤를 바꿔주면 얼룩이 생기지 않아서 좋다.
* 2~3일 두면 맛이 어우러져 더욱 좋다.

고다 치즈
네덜란드의 세미 하드 치즈. 탄력이 있으면서도 부드럽고 거슬리는 면이 없는 가벼운 맛. 가공 치즈의 원료로 쓰인다. 표면의 왁스는 못 먹는 것이므로 벗겨내어 사용한다.

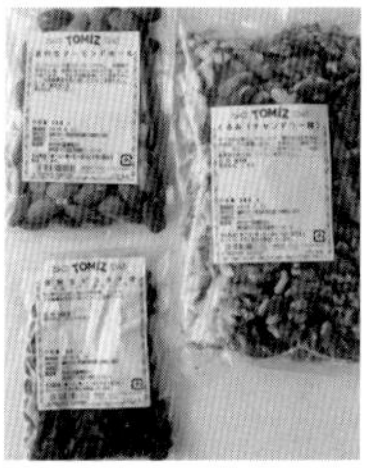

너트
가벼운 식감이 매력적인 생호두와 생아몬드는 캘리포니아산으로 사용. 껍질을 벗긴 생피스타치오는 그 모습이 아름다워 그린 다이아몬드라고도 불리며 깊은 향이 특징이다.

고다 치즈는 5mm 크기로 잘라 생크림과 함께 전자레인지로 녹인다. 완전히 녹지 않고 적당히 남아 있는 것이 맛도 좋고 보기도 좋다.

Gâteau au cheddar et aux abricots

02 체더 살구 베이크드 치즈 케이크

영국에서 유래한 체더치즈는 화이트와 레드, 두 종류가 있습니다.
레드 체더로 치즈 케이크를 만들면 오렌지빛 귀여운 케이크가 완성되지요.
마찬가지로 오렌지빛인 살구도 단면에 나란히 나타난답니다.
상큼한 산미의 체더치즈, 그리고 새콤달콤 살구의 조합입니다.

재료 지름 12cm의 분리형 원형틀 1개 분량

크림치즈 … 100g
그래뉴당 … 50g
계란 … 1개
전분 … 2작은술
레몬즙 … 1작은술
| 체더치즈 … 80g
| 생크림 … 90㎖
드라이 살구 … 6개(65g)

준비

- 체더치즈는 5mm 크기로 잘라서 생크림과 함께 전자레인지에서 1분 30초간 가열해 녹인 후 식혀둔다.
- 크림치즈는 전자레인지에서 40초간 가열하여 부드럽게 만든다.
- 드라이 살구는 4등분 한다.
- 틀에 오븐 시트를 깐다.
- 오븐은 160℃로 예열한다.

1 크림치즈를 볼에 담아 거품기로 부드럽게 풀고 그래뉴당을 넣어 젓는다. 계란 ⇒ 전분 ⇒ 레몬즙 ⇒ 녹인 체더치즈(한 번 저어서)의 순서로 넣으며 그때마다 젓는다.

2 틀 바닥에 드라이 살구를 흩뿌리고 반죽을 부어 160℃의 오븐에서 35분간 굽는다. 한 김 식힌 후 틀에서 꺼내어 냉장실에서 하룻밤 식힌다.

체더치즈
영국의 세미 하드 치즈. 너트와 같은 감칠맛이 있어 오믈렛, 토스트 등에도 많이 들어간다. 아나토 색소로 물들여 오렌지빛이 나는 것을 레드 체더라고 한다.

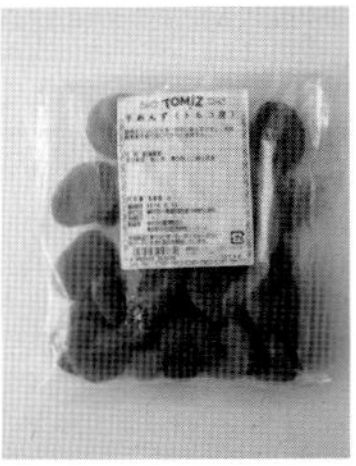

드라이 살구
터키산 드라이 살구는 과육이 두텁고 식감이 부드럽다. 비교적 부드러운 새콤한 맛이 나서 먹기가 좋다.

드라이 살구는 4등분 하여 틀 바닥 전체에 흩뿌린다. 이때 가운데 부분은 살짝 비워놓아야 케이크를 자를 때 좋다.

Gâteau au comté et aux noix

03 콩테 호두 베이크드 치즈 케이크

반죽에도 콩테 치즈를 넣고 케이크 위에도 올려서 구운
콩테 치즈에 집중한 진한 케이크입니다.

Käsekuchen

04 캐제쿠헨

독일식 치즈 케이크.
제과점이나 전문 케이크 숍뿐만 아니라
가정에서도 많이 만듭니다.

Gâteau au comté et aux noix

03 콩테 호두 베이크드 치즈 케이크

프랑스 유학 시절, 홈스테이했던 곳의 마담이 콩테의 산지인 프랑슈콩테 지방 출신이라
콩테와 호두, 꿀이 들어간 샐러드를 자주 만들어주곤 했습니다. 저에게는 그야말로 어머니의 맛인 콩테.
쿠킹 포일을 씌워 색을 내지 않고 구우면 부드러운 콩테,
덮지 않고 노릇하게 구우면 단단한 콩테 치즈 케이크가 되지요.

재료 지름 12cm의 분리형 원형틀 1개 분량

크림치즈 … 120g
그래뉴당 … 25g
꿀 … 25g
계란 … 1개
전분 … 2작은술
콩테 치즈 … 40g
생크림 … 90ml
호두 … 10g
콩테 치즈(토핑용) … 20g

준비

- 콩테 치즈 40g은 5mm 크기로 잘라서 생크림과 함께 전자레인지에서 1분 30초간 가열해 녹인 후 식혀둔다.
- 크림치즈는 전자레인지에서 40초간 가열하여 부드럽게 만든다.
- 토핑용 콩테 치즈 20g은 잘게 다진다.
- 호두는 손으로 4등분 한다.
- 틀에 오븐 시트를 깐다.
- 오븐은 160℃로 예열한다.

1 크림치즈를 볼에 담아 거품기로 부드럽게 풀고, 그래뉴당 ⇒ 꿀의 순서로 넣어 젓는다. 계란 ⇒ 전분 ⇒ 녹인 콩테 치즈(한 번 저어서)의 순서로 넣으며 그때마다 젓는다.

2 반죽을 틀에 붓고 가장자리를 따라 호두를 올린다. 가운데에는 다진 콩테 치즈를 올리고 160℃의 오븐에서 10분, 쿠킹 포일을 씌워서 20분간 굽는다. 한 김 식힌 후 틀에서 꺼내어 냉장실에서 하룻밤 식힌다.

콩테 치즈
프랑스의 하드 치즈. 숙성기간이 5~6개월 정도로 짧은 것은 밀키하고 부드러운 맛, 숙성기간이 1년 이상 된 것은 진한 맛이 난다. 숙성기간이 짧은 것은 홍차, 긴 것은 커피와 궁합이 좋다.

틀에 반죽을 붓고 둘레를 따라 호두를 늘어놓는다. 가운데에는 잘게 다진 콩테 치즈를 올린다. 호두는 너무 작으면 가라앉을 수 있으니 적당한 크기의 것을 쓴다.

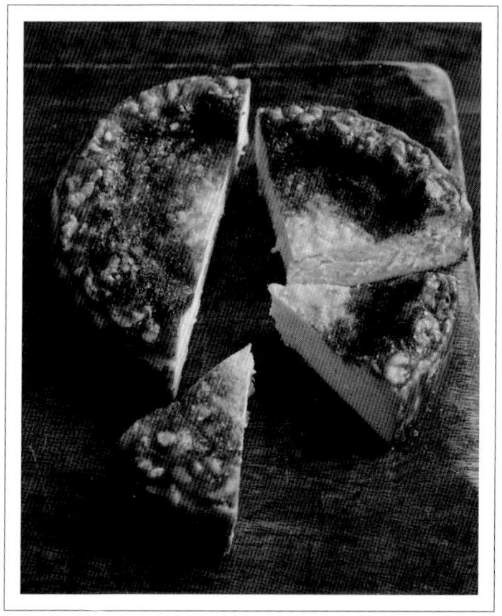

160℃의 오븐에서 쿠킹 포일을 씌우지 않고 30분간 구우면 위에 올린 치즈가 바삭하고 노릇하게 익어서 고소해진다. 굽는 방법을 조금 바꾸는 것만으로 두 가지 다른 맛을 즐길 수 있다.

Käsekuchen

04 캐제쿠헨

독일어로 '캐제'는 치즈, '쿠헨'은 케이크를 의미합니다.
독일에서는 요구르트처럼 새콤한 맛의 '크박'이라는 신선 치즈를 이용해
커다란 사각 치즈 케이크를 만듭니다. 여기서는 크박 대신에
손쉽게 구할 수 있는 요구르트로 물기를 빼서 만듭니다.

재 료 지름 12cm의 분리형 원형틀 1개 분량

플레인 요구르트 … 300g
크림치즈 … 40g
그래뉴당 … 50g
소금 … 한 자밤
계란 … 1개
전분 … 1과 ½큰술
생크림 … 50㎖
레몬즙 … 1큰술

준 비

- 요구르트는 체에 올려 냉장실에서 하룻밤 동안 물기를 뺀다. 150g을 준비한다.
- 크림치즈는 전자레인지에서 20초간 가열하여 부드럽게 만든다.
- 틀에 오븐 시트를 깐다.
- 오븐은 170℃로 예열한다.

1 볼에 물기를 뺀 요구르트와 크림치즈를 담아 거품기로 섞고, 그래뉴당과 소금을 넣어 섞는다. 계란 ⇒ 전분 ⇒ 생크림 ⇒ 레몬즙 순서로 넣으며 그때마다 젓는다.

2 반죽을 틀에 붓고 170℃의 오븐에서 35분간 굽는다. 한 김 식힌 후 틀에서 꺼내어 냉장실에서 하룻밤 식힌다.

* 독일식 과자에는 소금을 넣는 경우가 많지만 소금을 빼고 만들어도 OK.

플레인 요구르트는 체에 붓고 아래에 볼을 받쳐서 냉장실에 하룻밤 둔다. 물기 뺀 것으로 150g을 준비한다. 요구르트가 아래의 물기에 닿지 않게 체를 두 겹으로 하는 것이 좋다.

Sernik

05 세르닉

지금의 치즈 케이크의 원형(原型)이 된
폴란드식 치즈 케이크.

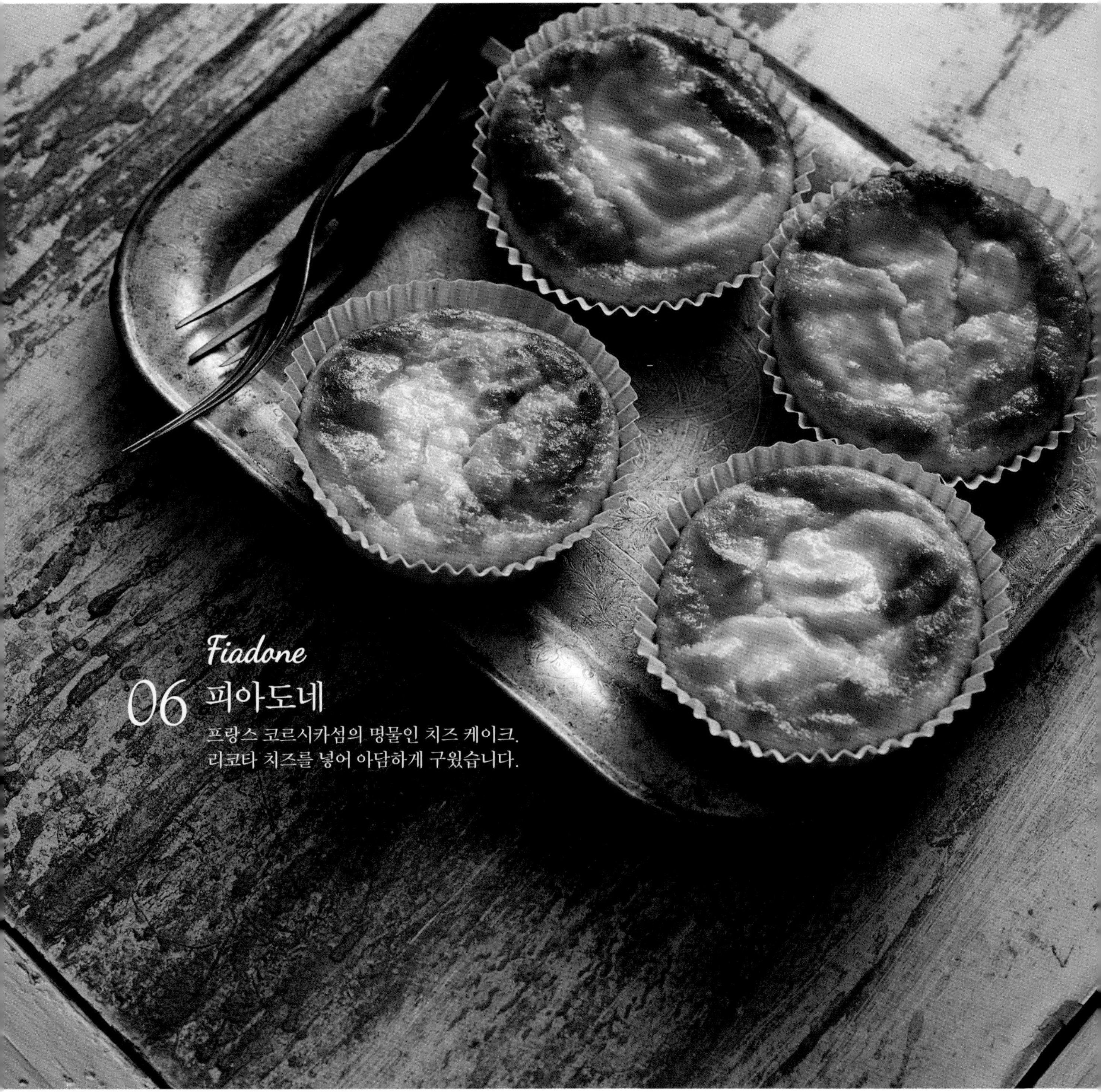

Fiadone

06 피아도네

프랑스 코르시카섬의 명물인 치즈 케이크.
리코타 치즈를 넣어 아담하게 구웠습니다.

Sernik

05 세르닉

지금의 치즈 케이크의 원형이 된 케이크로, 유대인들이 미국으로 전해왔다고 합니다.
폴란드에서는 신선 치즈인 '트바루크'로 만들지만, 여기서는 쉽게 구할 수 있는
코티지 치즈를 이용합니다. 코티지의 포슬포슬한 식감에 머랭의 가벼운 맛,
건포도를 더해서 만드는 것이 대중적입니다.

재 료 지름 12cm의 분리형 원형틀 1개 분량

크림치즈 … 40g
그래뉴당 … 30g
계란 노른자 … 1개 분량
바닐라 오일 … 약간
전분 … 1과 ½큰술
코티지 치즈 … 150g
우유 … 50㎖
레몬즙 … 1큰술

【머랭】
계란 흰자 … 1개 분량
그래뉴당 … 20g

준 비

- 크림치즈는 전자레인지에서 20초간 가열하여 부드럽게 만든다.
- 틀에 오븐 시트를 깐다.
- 오븐은 170℃로 예열한다.

코티지 치즈
우유에서 유지방분을 뺀 탈지유를 원료로 만든 치즈. 도드라지는 맛이 없고 가벼운 풍미를 지녔다. 치즈 케이크를 만들 때는 체에 거른 매끄러운 타입으로 고른다.

1 크림치즈를 볼에 담아 거품기로 부드럽게 풀고 그래뉴당을 넣어 섞는다. 계란 노른자와 바닐라 오일 ⇒ 전분 ⇒ 코티지 치즈(3번에 나누어) ⇒ 우유 ⇒ 레몬즙 순서로 넣으며 그때마다 젓는다.
＊반죽이 무거우므로 핸드믹서로 섞어도 된다.

2 머랭을 만든다. 다른 볼에 계란 흰자를 넣고 고속의 핸드믹서로 거품을 내면서 세 번에 나누어 그래뉴당을 넣는다. 반죽에서 생긴 뿔 모양 끝이 살짝 굽을 정도로 머랭을 만든다.

3 머랭을 반죽에 세 번에 나누어 넣으며 그때마다 거품기로 저어준다.

4 반죽을 틀에 붓고 170℃의 오븐에서 35분간 굽는다. 한 김 식힌 후 틀에서 꺼내어 냉장실에서 하룻밤 식힌다.
＊머랭이 들어가서 케이크가 구워지며 확 부풀었다가 꺼진다. 그래서 물결처럼 울퉁불퉁한 표면이 나오는 케이크.

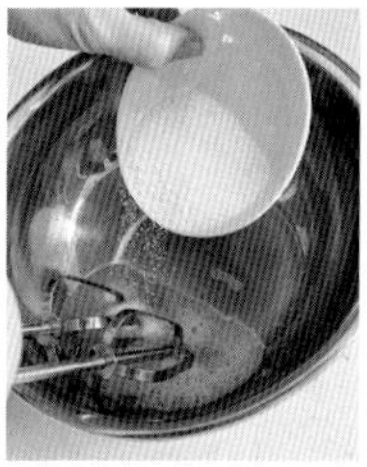

머랭 만들기
계란 흰자를 고속의 핸드믹서로 거품을 내다가 어느 정도 풀리면 그래뉴당의 1/3분량을 조금씩 넣고, 부풀기 시작할 때 남은 그래뉴당의 반을 더 넣는다.

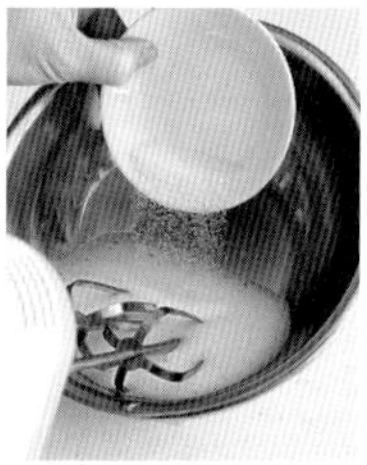

거품이 자잘해지고 폭신하게 부풀기 시작하면 나머지 그래뉴당을 넣고 계속 거품을 낸다.

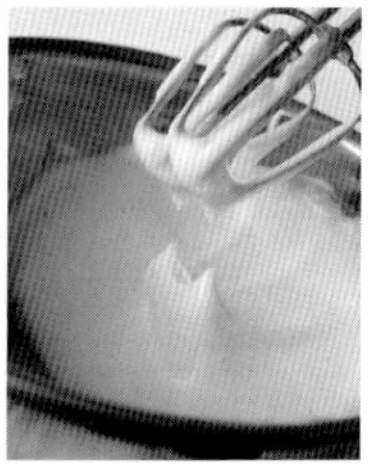

믹서를 들어 올렸을 때 뿔 끝이 살짝 구부러지는 정도로, 다소 느슨하게 머랭 반죽을 만든다. 저속으로 조금 더 저어 반죽을 정돈한다.

Fiadone

06 피아도네

본고장인 프랑스 코르시카섬에서는 양젖으로 만든 신선 치즈인 브로슈를 넣습니다.
적은 재료로 손쉽게 만들 수 있는, 엄마의 맛으로 불리는 인기 케이크.
여기서는 리코타 치즈를 사용했지만, 구할 수 있다면 브로슈로 치즈 케이크를 만들어보세요.
양젖 특유의 진한 맛을 즐길 수 있습니다. 그때는 전분을 빼도 좋습니다.

재료 지름 6cm의 컵 모양 틀 4개 분량

리코타 치즈 … 100g
그래뉴당 … 20g
계란 노른자 … 1개 분량
레몬 껍질 간 것 … $\frac{1}{2}$개 분량(왁스칠하지 않은 것)
전분 … 1큰술

【머랭】
계란 흰자 … 1개 분량
그래뉴당 … 10g

준비

- 오븐은 200℃로 예열한다.

1. 볼에 리코타 치즈를 담아 거품기로 풀고 그래뉴당을 넣어 섞는다. 계란 노른자와 레몬 껍질 ⇒ 전분 순서로 넣으며 그때마다 젓는다.
2. 머랭을 만든다. 다른 볼에 계란 흰자를 넣고 고속의 핸드믹서로 거품을 내면서 두 번에 나누어 그래뉴당을 넣는다. 반죽에서 생긴 뿔 모양 끝이 살짝 굽을 정도로 만든다.
3. 반죽에 머랭 $\frac{1}{3}$분량을 넣고 거품기로 젓는다. 나머지 머랭을 두 번에 나누어 넣으며 그때마다 고무주걱으로 가볍게 섞는다.
4. 반죽을 틀에 붓고 200℃의 오븐에서 12분간 굽는다. 한 김 식힌 후 틀에서 꺼내어 냉장실에서 하룻밤 식힌다.

＊ 레몬 리큐어인 리몬첼로를 살짝 뿌려서 먹는 것도 추천한다.
＊ 재료를 2배로 하여 지름 14cm 틀로 200℃의 오븐에서 20분간 구우면 촉촉한 케이크가 완성된다.

리코타 치즈
리코타는 이탈리아어로 '두 번 익힌다'는 뜻으로 훼이(유청)를 끓여서 만든 치즈. 맛이 부드럽고 저지방이며 희미하게 단맛이 돈다. 식감이 산뜻하다.

머랭은 믹서를 들어 올렸을 때 뿔 끝이 살짝 구부러지는 정도로, 다소 느슨하게 만든다. 저속으로 조금 더 저어 반죽을 정돈한다.

리몬첼로
남부 이탈리아 카프리섬의 전통적인 식후주. 알코올 도수가 30도 이상으로 높다. 지중해의 레몬향을 즐길 수 있는 리큐어로, 원래는 일본의 매실주처럼 각 가정의 정원에서 딴 레몬으로 담그는 술이었다고 한다.

Chapitre

3

Gâteaux soufflés et gâteaux crus au fromage

수플레 & 레어 치즈 케이크

폭신하고 부드러운 수플레 치즈 케이크와 산뜻한 맛의 레어 치즈 케이크.
가볍지만 치즈를 제대로 느낄 수 있는 만족스러운 레시피로 구성했습니다.
레어는 젤라틴을 넣어 굳히면 되는 간편한 레시피와
전통 이탈리아, 프랑스풍의 굽지 않고 만드는 것도 소개합니다.
시원하고 산뜻하게 입에서 녹아 식후 디저트로 딱 좋은 치즈 케이크입니다.

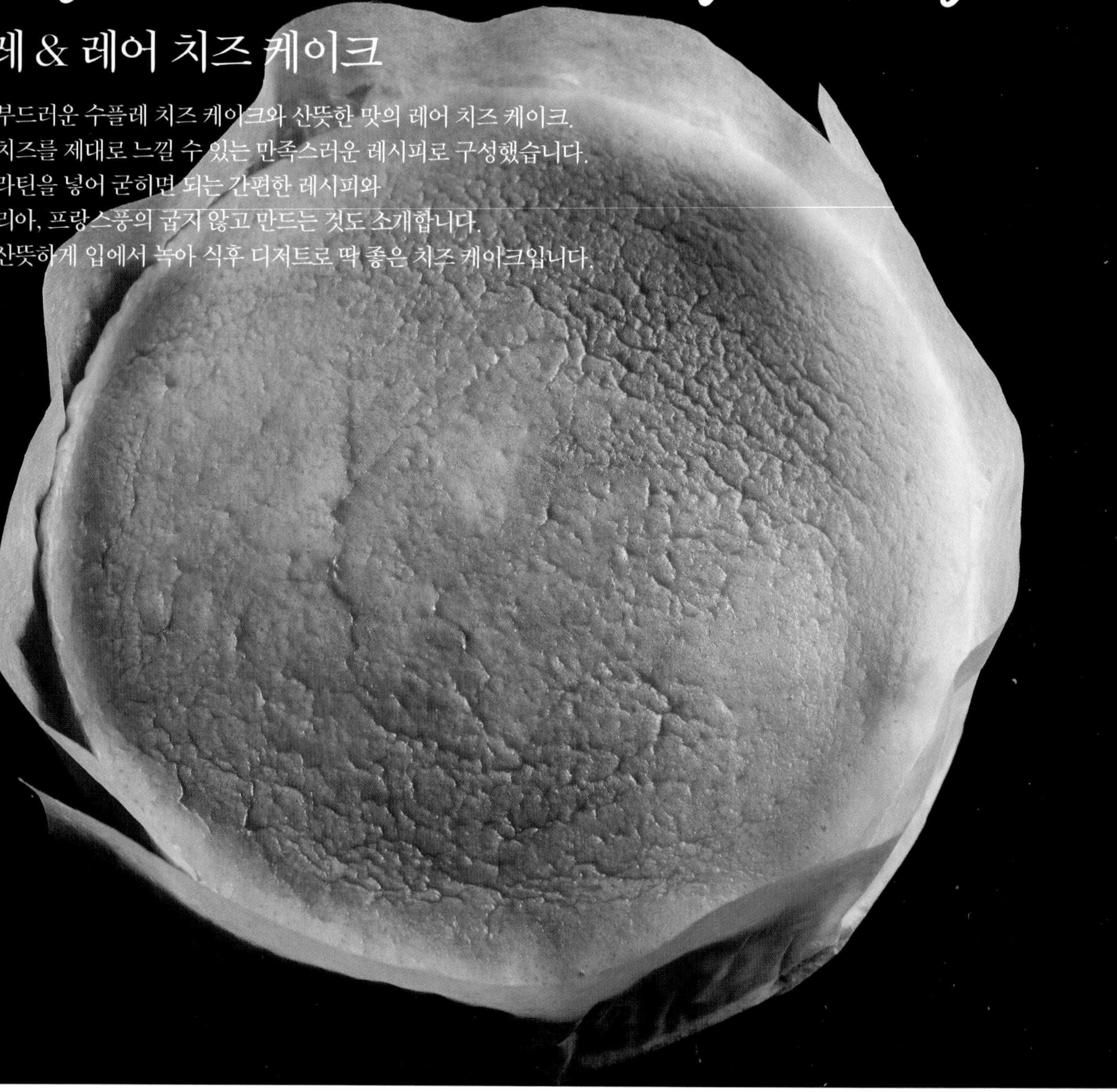

Gâteau soufflé au fromage

1 Basique

기본적인 수플레 치즈 케이크

생크림이나 사워크림이 들어가지 않아 가벼운 느낌의 치즈 케이크.
칼로 자르면 보슬보슬 소리를 냅니다.
가볍지만 진한 크림치즈의 풍미가 전해져 오는 레시피.
케이크를 구울 때 틀 옆면과 오븐 시트에 버터를 바르는 것이 포인트.
또, 20분이 지난 후에는 10분마다 오븐 문을 열어서 증기를 빼주면 케이크가 잘 갈라지지 않습니다.

재료 지름 15cm의 분리형 원형틀 1개 분량

크림치즈 … 220g
그래뉴당 … 30g
계란 노른자 … 2개 분량
전분 … 2큰술
우유 … 110ml
레몬즙 … 2작은술

【머랭】
계란 흰자 … 2개 분량
그래뉴당 … 40g

준비

- 크림치즈는 전자레인지에서 1분간 가열하여 부드럽게 만든다.
- 틀에 오븐 시트를 깔고 바닥을 이중의 쿠킹 포일로 감싼다.
- 오븐은 150℃로 예열한다.

틀 바닥에 오븐 시트를 깔고 옆면에는 버터를 바른 후 반죽 쪽으로 버터를 바른 오븐 시트를 붙인다. 버터를 바르면 부풀어 오른 반죽이 균일하게 가라앉아 깔끔한 모양으로 구워진다.

케이크가 부풀어 오르므로 옆면의 오븐 시트는 틀보다 1cm 높게 하고, 중탕 굽기를 위해 틀 바깥면은 이중의 쿠킹 포일로 바닥을 감싸서 물이 들어오지 않게 한다.

● **크림치즈 200g에 맞추어 만들려면…**

크림치즈 … 200g
그래뉴당 … 25g
계란 노른자 … 2개 분량
전분 … 2큰술
우유 … 100ml
레몬즙 … 2작은술

【머랭】
계란 흰자 … 2개 분량
그래뉴당 … 40g
⇒ 150℃의 오븐에서 60분간 굽는다.
* 케이크 두께가 조금 얇아져도 OK.

❶ 순서대로 재료 섞기

크림치즈를 볼에 담아 거품기로 부드럽게 푼다. 그래뉴당을 넣어 섞는다.

* 재료를 너무 젓지 않는 것이 포인트. 거품이 나지 않게 한다.

계란 노른자는 1개씩 넣으며 빙글빙글 저어 섞는다.

❸ 반죽에 머랭 넣기

치즈 반죽에 머랭을 세 번에 나누어 넣는다. 먼저 머랭의 1/3을 넣고 거품기로 빙글빙글 저어 잘 섞는다.

* 거품이 꺼져도 괜찮다.

나머지 머랭의 반을 넣고 거품기를 바닥에서 퍼 올리듯이 와이어 사이로 반죽을 떨어뜨리며 섞는다.

* 하얀색이 없어질 때까지 반복한다.

전분을 넣어 섞고,

* 소량이므로 체 치지 않아도 된다.

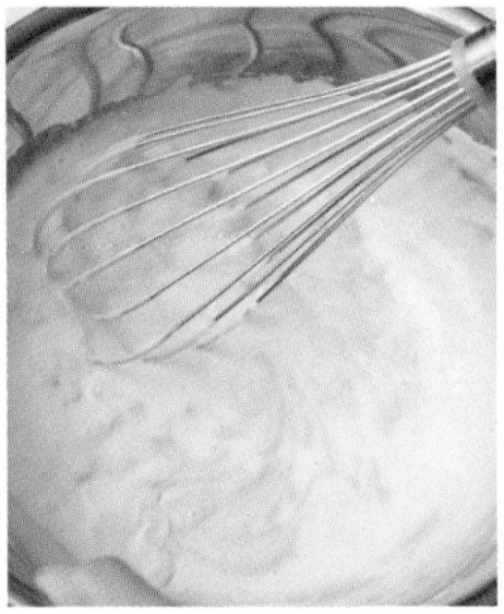

우유 ⇒ 레몬즙 순서로 넣으며 그때마다 섞는다.

2 머랭 만들기

다른 볼에 계란 흰자를 넣고 고속의 핸드믹서로 거품을 낸다. 어느 정도 풀리면 그래뉴당을 조금 넣고, 부풀기 시작할 때 그래뉴당의 반을 더 넣는다. 계속 거품을 낸다.

거품이 자잘해지고 폭신하게 부풀기 시작하면 나머지 그래뉴당을 넣고 계속 거품을 낸다.

믹서를 들어 올렸을 때 뿔 끝이 살짝 구부러지는 정도로 다소 느슨하게 머랭 반죽을 만든다. 저속으로 조금 더 저어 반죽을 정돈한다.

마지막으로 나머지 머랭을 넣고 고무주걱으로 바닥부터 가볍게 펴 올리듯이 흰색이 남지 않도록 잘 섞는다.

4 굽기

반죽을 틀에 붓고 기포가 일면 대꼬챙이나 손가락으로 터트린다.

오븐에 틀을 넣고 오븐팬에 뜨거운 물을 1~2cm 높이로 부어 중탕으로 150℃의 오븐에서 60분간 굽는다(화상에 주의한다).

*굽는 도중 물이 부족하면 더 붓는다.

20분 후부터 10분 간격으로 오븐 문을 5초간 열기를 반복하면 반죽이 갈라지는 것을 막을 수 있다. 한 김 식힌 후 틀에서 꺼내어 냉장실에서 하룻밤 식힌다.

* 2~3일 두면 맛이 어우러져 더욱 좋다.

Gâteau cru au fromage

2 Basique

기본적인 레어 치즈 케이크

젤라틴을 넣어 냉장실에서 굳히기만 하면 완성되는, 굽지 않는 타입의 치즈 케이크.
요구르트의 물기를 빼거나 생크림으로 거품을 낼 필요가 없어
마음 내킬 때 금방 만들어 볼 수 있는 간단 레시피입니다.
계란이 들어가지 않아 맛이 가볍고 산뜻하지요.
요구르트의 산미로 시원하고 상큼한 맛을 즐겨보세요.

재료 지름 12cm의 바닥 분리형 원형틀 1개 분량

크림치즈 … 100g
그래뉴당 … 40g
플레인 요구르트 … 50g
생크림 … 100㎖
레몬즙 … ½큰술
| 판 젤라틴 … 1과 ½매(3.75g)
| 물(80℃) … 2큰술

【케이크 시트】
플레인 쿠키(11쪽 참조) … 4개(35g)
호두 … 15g*
무염버터 … 15g

* 160℃로 예열한 오븐에서 8분간 구워 잘게 다진다.

준비

- 크림치즈는 전자레인지에서 40초간 가열하여 부드럽게 만든다.
- 판 젤라틴은 얼음물에 담가 불린다.
- 틀에 오븐 시트를 깐다.

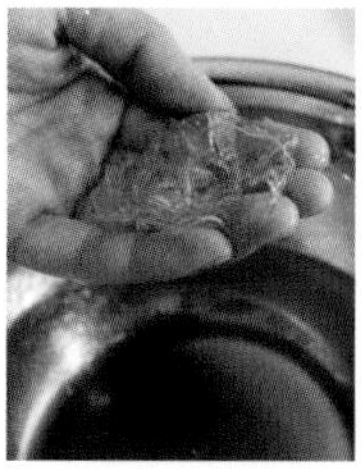

판 젤라틴은 얼음물에 담가 불린다. 얼음물을 쓰지 않으면 녹아버릴 수 있으니 주의한다.

1 시트 만들기

시트는 10쪽을 참조하여 만들고, 손가락으로 눌러가며 틀 전체에 꽉 채운 뒤 냉장실에 넣어둔다.

* 가장자리는 부서지기 쉬우므로 더 단단히 채운다.

2 순서대로 재료 섞기

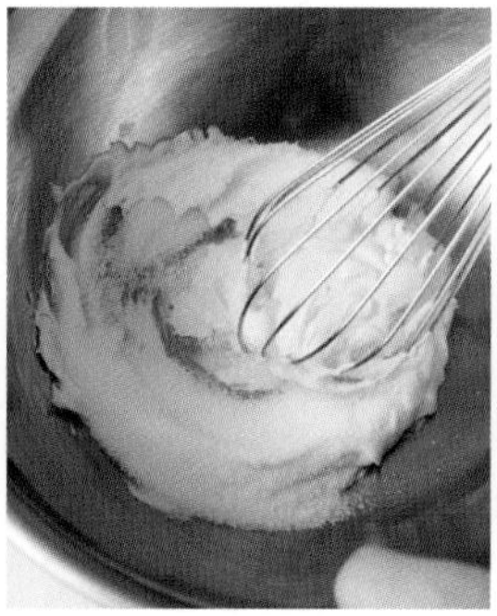

크림치즈를 볼에 담아 거품기로 부드럽게 푼다. 그래뉴당을 넣고 저어 섞는다.

* 재료를 너무 젓지 않는 것이 포인트. 거품이 나지 않게 한다.

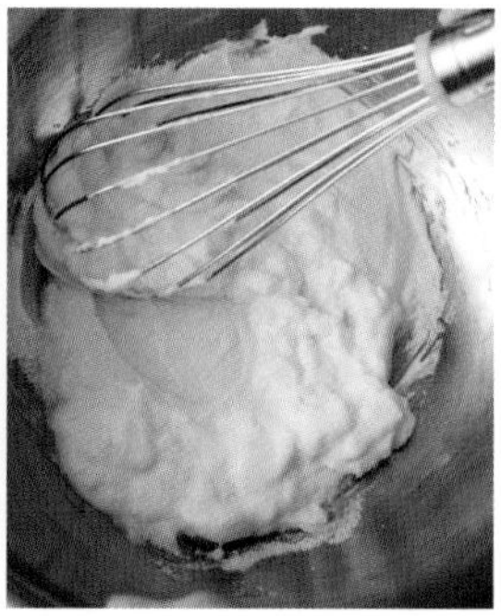

요구르트 ⇒ 생크림 ⇒ 레몬즙의 순서로 넣으며 그때마다 젓는다.

3 젤라틴 넣기

물에 불린 젤라틴의 물기를 꼭 짜고 작은 볼에 담아 뜨거운 물로 녹인다.

* 물은 한 번 끓인 후 1~2분 식히면 80℃ 정도가 된다. 물이 너무 뜨거우면 케이크가 굳지 않으므로 주의한다.

치즈 반죽에 젤라틴 녹인 것을 넣고 저어서 섞는다.

4 식혀서 굳히기

틀에 반죽을 붓고 기포가 일면 대꼬챙이나 손가락으로 터트린다. 냉장실에서 3시간 이상 식혀서 굳힌다.

틀에서 꺼낼 때는 뜨거운 물에 적셨다가 물기를 짠 행주로 옆을 둘러 살짝 느슨해지면 뺀다.

Gâteau soufflé au fromage et aux myrtilles

01 블루베리 수플레 치즈 케이크

냉동 블루베리를 이용해 모든 계절에
즐길 수 있는 케이크

Gâteau soufflé au fromage, miel et citron

02 꿀 레몬 수플레 치즈 케이크

레몬의 새콤한 향이 확 퍼진 후
꿀의 달콤함이 남습니다.

Gâteau soufflé au fromage et cacao

03 코코아 수플레 치즈 케이크

보슬보슬, 촉촉. 먹기 좋은 식감에
가벼운 티라미수 같은 케이크

Gâteau soufflé au fromage et aux myrtilles

01 블루베리 수플레 치즈 케이크

촉촉하고 가벼운 식감에 블루베리의 상쾌한 향이 어우러집니다.
생블루베리를 사용해도 OK. 블루베리 외에도 각자 좋아하는 베리를 넣어 만들어도 좋겠지요.

재료 지름 15cm의 분리형 원형틀 1개 분량

크림치즈 … 220g
그래뉴당 … 30g
계란 노른자 … 2개 분량
전분 … 2큰술
우유 … 110㎖
레몬즙 … 2작은술

【머랭】
계란 흰자 … 2개 분량
그래뉴당 … 40g

냉동 블루베리 … 30알

준비

- 크림치즈는 전자레인지에서 1분간 가열하여 부드럽게 만든다.
- 블루베리는 키친타월 위에서 해동하여 물기를 뺀다.
- 틀에 버터를 바르고 오븐 시트를 깐 후 바닥을 이중의 쿠킹 포일로 감싼다(66쪽 참조).
- 오븐은 150℃로 예열한다.

1 크림치즈를 볼에 담아 거품기로 부드럽게 풀고 그래뉴당을 넣어 섞는다. 계란 노른자(1개씩) ⇒ 전분 ⇒ 우유 ⇒ 레몬즙 순서로 넣으며 그때마다 젓는다.

2 머랭을 만든다. 만드는 방법은 오른쪽 페이지(73쪽)의 2, 3번과 동일하다.

3 틀 가장자리를 따라 바닥에 블루베리를 놓고 반죽을 부어 오븐에 넣는다. 오븐팬에 뜨거운 물을 1~2cm 높이로 붓고 150℃의 오븐에서 60분간 중탕으로 굽는다(굽는 도중 물이 부족하면 더 붓는다). 한 김 식힌 후 틀에서 꺼내어 냉장실에서 하룻밤 식힌다.

● 크림치즈 200g에 맞추어 만들려면…

크림치즈 200g, 그래뉴당 25g, 계란 노른자 2개 분량,
전분 2큰술, 우유 100㎖, 레몬즙 2작은술
【머랭】 계란 흰자 … 2개 분량, 그래뉴당 … 40g
냉동 블루베리 30알 ⇒ 150℃의 오븐에서 60분간 굽는다.

Gâteau soufflé au fromage, miel et citron

02 꿀 레몬 수플레 치즈 케이크

입에서 부드럽게 녹는 수플레 치즈에 레몬의 상큼한 맛이 어우러집니다.
반죽에 넣은 꿀 덕분에 케이크 색이 노릇해지지요. 레몬 껍질을 뿌려 향을 더합니다.

재료 지름 15cm의 분리형 원형틀 1개 분량

크림치즈 … 220g
꿀 … 30g
계란 노른자 … 2개 분량
전분 … 2큰술
레몬 껍질 간 것 … ½개 분량
(왁스칠하지 않은 것)
우유 … 110㎖
레몬즙 … 1큰술

【머랭】
계란 흰자 … 2개 분량
그래뉴당 … 40g

마무리용 레몬 껍질 간 것 … 적당량
(왁스칠하지 않은 것)

준비

- 크림치즈는 전자레인지에서 1분간 가열하여 부드럽게 만든다.
- 틀에 버터를 바르고 오븐 시트를 깐 후 바닥을 이중의 쿠킹 포일로 감싼다(66쪽 참조).
- 오븐은 150℃로 예열한다.

1 볼에 크림치즈를 담아 거품기로 부드럽게 풀고 꿀을 넣어 섞는다. 계란 노른자(1개씩) ⇒ 전분과 레몬 껍질 ⇒ 우유 ⇒ 레몬즙 순서로 넣으며 그때마다 젓는다.

2 이후의 과정은 오른쪽 페이지(73쪽)와 동일하다. 마무리로 레몬 껍질 간 것을 흩뿌린다.

● 크림치즈 200g에 맞추어 만들려면…

크림치즈 200g, 꿀 25g, 계란 노른자 2개 분량, 전분 2큰술, 레몬 껍질 간 것 ½개 분량, 우유 100㎖, 레몬즙 1큰술
【머랭】 계란 흰자 2개 분량, 그래뉴당 40g
⇒ 150℃의 오븐에서 60분간 굽는다.

Gâteau soufflé au fromage et cacao

03 코코아 수플레 치즈 케이크

진한 코코아 맛 치즈 케이크도 수플레 타입으로 구우면 무겁지 않습니다.
입안에서 사르륵 녹아 자꾸만 손이 가는 케이크. 먹기 직전 코코아를 뿌리면 더 진한 향을 즐길 수 있습니다.

재료 지름 15cm의 분리형 원형틀 1개 분량

크림치즈 … 220g
그래뉴당 … 30g
계란 노른자 … 2개 분량
코코아 … ½큰술
전분 … 2큰술
우유 … 110*ml*

【머랭】
계란 흰자 … 2개 분량
그래뉴당 … 40g

마무리용 코코아 … 적당량

준비

- 크림치즈는 전자레인지에서 1분간 가열하여 부드럽게 만든다.
- 틀에 버터를 바르고 오븐 시트를 깐 후 바닥을 이중의 쿠킹 포일로 감싼다(66쪽 참조).
- 오븐은 150℃로 예열한다.

1 크림치즈를 볼에 담아 거품기로 부드럽게 풀고 그래뉴당을 넣어 섞는다. 계란 노른자(한 개씩) ⇒ 코코아와 전분(체 쳐서) ⇒ 우유 순서로 넣으며 그때마다 젓는다.

2 머랭을 만든다. 다른 볼에 계란 흰자를 담고 고속의 핸드믹서로 거품을 내면서 세 번에 나누어 그래뉴당을 넣는다. 머랭의 뿔 모양 끝이 살짝 굽을 정도로 만든다.

3 반죽에 머랭을 세 번에 걸쳐 넣고 처음 두 번은 거품기로, 마지막은 고무주걱으로 바닥에서 가볍게 퍼 올리듯이 섞는다.

4 완성된 반죽을 틀에 붓고 오븐에 넣는다. 오븐팬에 뜨거운 물을 1~2cm 높이로 붓고 150℃의 오븐에서 60분간 중탕으로 굽는다(굽는 도중 물이 부족하면 더 붓는다). 한 김 식힌 후 틀에서 꺼내어 냉장실에서 하룻밤 식힌다. 먹기 직전에 코코아를 체 쳐서 뿌린다.

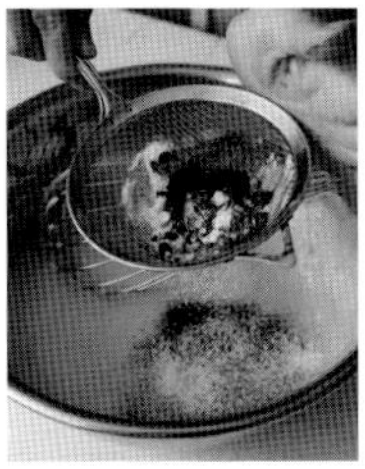

코코아와 전분을 함께 체에 쳐서 넣는 것이 포인트. 코코아 덩어리나 얼룩이 남지 않고 체 치는 동안 공기를 머금어서 반죽이 가벼워진다.

● **크림치즈 200g에 맞추어 만들려면…**

크림치즈 200g, 그래뉴당 25g, 계란 노른자 2개 분량, 코코아 ½큰술, 전분 2큰술, 우유 100*ml*
【머랭】 계란 흰자 … 2개 분량, 그래뉴당 … 40g ⇒ 150℃의 오븐에서 60분간 굽는다.

Gâteau cru au fromage, miel et prunes salées

04 우메보시 꿀 레어 치즈 케이크

우메보시*가 난생처음 맛보는 신기한 과일의 맛으로 변신합니다.

* 매실을 소금에 절여 만드는 일본식 매실장아찌.

Gâteau cru au fromage, chocolat blanc et framboises

05 화이트 초콜릿 프람보아즈 레어 치즈 케이크

화이트 초콜릿의 순한 단맛, 라즈베리의 새콤달콤함이 여운을 남깁니다.

Gâteau cru au fromage, miel et prunes salées

04 우메보시 꿀 레어 치즈 케이크

우메보시에 꿀을 섞어 케이크 시트 위에 바르면 새콤달콤한 과일 맛이 납니다.
반죽 자체는 플레인이지만 한 번에 입에 넣으면 색다른 맛을 만나실 수 있어요.
추운 겨울, 따뜻한 호지차*에 곁들이거나 더워서 축 처지는 여름날에 먹는 것도 추천합니다.

* 녹차의 찻잎을 볶아서 만든 차. 쓴맛이나 떫은맛이 적고 고소하다.

재료 지름 12cm의 분리형 원형틀 1개 분량

크림치즈 … 100g
그래뉴당 … 40g
플레인 요구르트 … 50g
생크림 … 100ml
레몬즙 … ½큰술
판 젤라틴 … 1과 ½매(3.75g)
물(80℃) … 2큰술
우메보시 … 3개(정미 30g)
꿀 … 10g

【케이크 시트】
플레인 쿠키(11쪽 참조) … 4개(35g)
호두 … 15g*
무염버터 … 15g

* 160℃로 예열한 오븐에서 8분간 구워 잘게 다진다.

준비

- 크림치즈는 전자레인지에서 40초간 가열하여 부드럽게 만든다.
- 우메보시는 씨앗을 제거하고 빻아서 꿀과 섞는다.
- 판 젤라틴은 얼음물에 담가 불린다.
- 틀에 오븐 시트를 깐다.

1 케이크 시트를 만든다. 두툼한 비닐봉지에 쿠키를 넣어서 밀대로 부순다. 전자레인지에서 30초간 녹인 버터와 호두를 넣어 섞고, 틀 바닥에 채워서 냉장실에서 식힌다.

2 크림치즈를 볼에 담아 거품기로 부드럽게 풀고 그래뉴당을 넣어 섞는다. 요구르트 ⇒ 생크림 ⇒ 레몬즙 ⇒ 물에 녹인 젤라틴의 순서로 넣으며 그때마다 젓는다.

3 시트 위에 꿀과 우메보시 섞은 것을 바르고 반죽을 부어 냉장실에서 3시간 이상 식혀 굳힌다.

우메보시
기슈난코 매실을 차조기 잎과 함께 소금에 절인 것을 사용했다. 염분 8%의 제품. 기슈난코 매실은 껍질이 얇고 과육이 부드러워서 좋다. 꿀에 절인 것은 매실 특유의 풍미와 소금기가 다소 옅으므로 주의한다.

적당히 빻은 우메보시와 꿀을 섞어 케이크 시트 전체에 바른다. 가장자리까지 꼼꼼히 발라야 한다.

Gâteau cru au fromage, chocolat blanc et framboises

05 화이트 초콜릿 프람보아즈 레어 치즈 케이크

녹인 화이트 초콜릿을 넣은 달콤한 치즈 반죽을 라즈베리의 강렬한 새콤함이 꽉 잡아줍니다. 생라즈베리를 사용해도 물론 OK. 케이크를 잘랐을 때 가장자리를 따라 늘어선 라즈베리가 귀엽게 보이는 케이크. 화이트 초콜릿을 갈아 뿌려서 더욱 사랑스럽게 완성합니다.

재료 **지름 12cm의 분리형 원형틀 1개 분량**

크림치즈 … 100g
그래뉴당 … 15g
생크림 … 60㎖
| 제과용 화이트 초콜릿 … 20g
| 생크림 … 20㎖
| 판 젤라틴 … 1매(2.5g)
| 물(80℃) … 1큰술
냉동 프람보아즈(라즈베리) … 16알

【케이크 시트】
플레인 쿠키(11쪽 참조) … 4개(35g)
호두 … 15g*
무염버터 … 15g
제과용 화이트 초콜릿 … 적당량

* 160℃로 예열한 오븐에서 8분간 구워 잘게 다진다.

준비

- 화이트 초콜릿을 잘게 다져 전자레인지에서 30초간 가열한 생크림에 1분간 담가둔다. 초콜릿이 녹으면 섞어서 식힌다.
- 크림치즈는 전자레인지에서 40초간 가열하여 부드럽게 만든다.
- 판 젤라틴은 얼음물에 담가 불린다.
- 틀에 오븐 시트를 깐다.

1 케이크 시트를 만든다. 두툼한 비닐봉지에 쿠키를 넣어서 밀대로 부순다. 전자레인지에서 30초간 녹인 버터와 호두를 넣어 섞고, 틀 바닥에 채워서 냉장실에서 식힌다.

2 크림치즈를 볼에 담아 거품기로 부드럽게 풀고 그래뉴당을 넣어 섞는다. 생크림 ⇒ 녹인 화이트 초콜릿(한 번 저어서) ⇒ 물에 녹인 젤라틴의 순서로 넣으며 그때마다 젓는다.

3 시트 위에 가장자리를 따라서 프람보아즈(언 상태로)를 늘어놓고 반죽을 부어 냉장실에서 3시간 이상 식혀 굳힌다. 먹기 직전, 화이트 초콜릿을 슬라이서로 갈아 뿌린다.

제과용 화이트 초콜릿 맛이 진하고 부드럽다. 잘게 다져져 있어 더 간편하게 쓸 수 있는 플레이크 타입도 있다.

초콜릿은 잘게 다져서 전자레인지에서 데운 생크림에 1분간 담가두었다가 고무주걱으로 녹여 섞는다. 반죽에 넣기 전에 한 번 더 젓는 것이 좋다.

냉동 프람보아즈는 언 채로 케이크 시트 위에 가장자리를 따라 늘어놓는다. 과즙이 반죽에 배어 나와 새콤달콤한 맛이 난다.

Gâteau cru au fromage, pêches et romarin

06 복숭아 로즈메리 레어 치즈 케이크

복숭아와 상쾌한 로즈메리의 조합. 저의 여름 단골 향기입니다.

Tiramisu sans œufs

07 계란을 넣지 않은 티라미수

단골 디저트도 머랭을 넣지 않은 간단 레시피로 소개합니다.

Gâteau cru au fromage, pêches et romarin

06 복숭아 로즈메리 레어 치즈 케이크

복숭아와 로즈메리의 조합이 좋아서 여름이면 종종 콩포트를 만들거나
샐러드에 토핑을 합니다. 여기서는 쉽게 살 수 있는 백도 통조림에
로즈메리와 레몬의 향을 더하여 상큼한 케이크로 구웠습니다.
발포 와인에 꼭 곁들여보길 추천합니다.

재료 지름 12cm의 분리형 원형틀 1개 분량

크림치즈 … 100g
그래뉴당 … 40g
플레인 요구르트 … 50g
생크림 … 100㎖
레몬즙 … ½큰술
판 젤라틴 … 1과 ½매(3.75g)
물(80℃) … 2큰술
백도(통조림, 반으로 잘린 것) … 1과 ½개
레몬 껍질 간 것 … ½개 분량(왁스칠하지 않은 것)
생로즈메리 … ⅓줄기

【케이크 시트】
플레인 쿠키(11쪽 참조) … 4개(35g)
호두 … 15g*
무염버터 … 15g

* 160℃로 예열한 오븐에서 8분간 구워 잘게 다진다.

준비

- 크림치즈는 전자레인지에서 40초간 가열하여 부드럽게 만든다.
- 백도는 잘라서 전체 6조각으로 만들고, 키친타월에 올려 물기를 뺀다.
- 로즈메리는 잎을 뜯어 잘게 다진다.
- 판 젤라틴은 얼음물에 담가 불린다.
- 틀에 오븐 시트를 깐다.

1 케이크 시트를 만든다. 두툼한 비닐봉지에 쿠키를 넣어서 밀대로 부순다. 전자레인지에서 30초간 녹인 버터와 호두를 넣어 섞고, 틀 바닥에 채워서 냉장실에서 식힌다.

2 크림치즈를 볼에 담아 거품기로 부드럽게 풀고 그래뉴당을 넣어 섞는다. 요구르트 ⇒ 생크림 ⇒ 레몬즙 ⇒ 따뜻한 물에 녹인 젤라틴의 순서로 넣으며 그때마다 젓는다.

3 시트 위에 가장자리를 따라서 백도를 늘어놓고 레몬 껍질, 로즈메리를 흩뿌린 후 반죽을 부어 냉장실에서 3시간 이상 식혀 굳힌다.

백도와 로즈메리
달콤하게 사르륵 녹는 식감이 매력적인 백도. 통조림 제품은 사시사철 살 수 있어 편리하다. 로즈메리는 달고 상쾌한 향을 지닌 허브. 잘게 다져서 사용한다.

백도는 반달 모양으로 잘라 케이크 시트 위에 가장자리를 따라 둥글게 올린다. 그 위에 레몬 껍질과 로즈메리를 흩뿌린다.

Tiramisu sans œufs

07 계란을 넣지 않은 티라미수

마스카르포네 치즈의 달고 짙은 맛에 쌉쌀한 코코아가 포인트를 주는 티라미수.
쌀가루 쿠키를 사용하고, 밀가루나 계란을 넣지 않은 레시피입니다.
알코올이 싫은 사람은 럼주 대신 우유를 넣으세요. 우유가 반죽에 매끄러움을 더해줍니다.
럼주 대신 마르살라 와인(높은 도수의 이탈리아 와인)을 넣으면 본격적인 맛이 납니다.

재료 21×17×깊이 5.5cm의 용기 1개 분량

마스카르포네 치즈 … 250g
생크림(유지방분 47%인 것) … 200*ml*
그래뉴당 … 2큰술
럼주 … 1큰술
우유 … 3~4큰술
플레인 쿠키(11쪽 참조) … 24개

【커피시럽】
인스턴트커피 … 1큰술
그래뉴당 … ½큰술
뜨거운 물 … 50*ml*

마무리용 코코아 … 적당량

준비

- 커피시럽의 재료를 섞어서 식혀둔다.

1 볼에 생크림과 그래뉴당을 넣고 부드러운 뿔이 생길 때까지 거품을 낸다.

2 다른 볼에 마스카르포네 치즈를 넣고 거품기로 젓다가 생크림과 그래뉴당 거품 낸 것을 넣고 섞어준다. 럼주를 넣어 섞고, 우유를 넣어 매끈한 정도와 굳기를 조절한다.

3 용기에 쿠키의 반 ⇒ 커피시럽의 반 ⇒ 크림의 반 순서로 겹쳐 올리고 이 과정을 다시 반복한 후 냉장실에 2시간 이상 둔다. 먹기 직전에 코코아 가루를 체에 쳐서 뿌린다.

마스카르포네
이탈리아의 신선 치즈. 티라미수의 재료로 잘 알려져 있으며 자연스러운 단맛과 매끈한 식감이 마치 생크림 같다. 딸기 등의 과일에 곁들여 꿀을 뿌려 먹거나 다른 치즈와 함께 파스타 소스로 쓰기도 한다.

생크림과 그래뉴당을 섞어 부드러운 뿔이 생길 때까지 거품을 낸다. 뿔의 끝이 살짝 굽는 정도의 굳기가 좋다.

용기에 쿠키를 3×4열로 늘어놓고 그 위에 커피시럽의 반을 숟가락으로 올린다. 충분히 촉촉해지도록 한다.

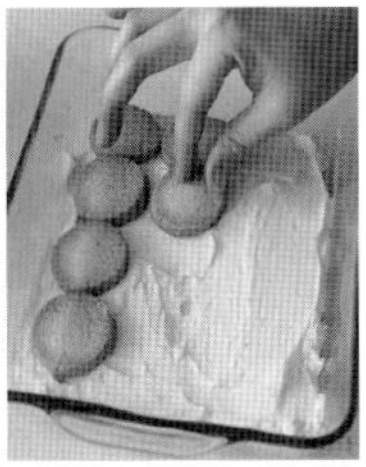

크림의 반을 올려 고무주걱으로 평평하게 하고 그 위에 다시 쿠키를 3×4열로 올린다.

남은 커피시럽을 숟가락으로 떠서 올리고 나머지 생크림을 고무주걱으로 펴 올린다. 냉장실에서 충분히 식힌다.

Crémet d'Anjou

08 크레메 당주

물기 뺀 요구르트와 머랭을 넣어서
폭신하고 부드럽게 입에서 녹습니다.

Fontainebleau

09 퐁텐블로

프로마쥬 블랑이 없어도
물기 뺀 요구르트로 손쉽게 만들 수 있습니다.

Cassata
10 카사타

리코타 치즈를 넣은 시칠리아 디저트.
일본에서는 아이스케이크로 인기가 높습니다.

Crémet d'Anjou

08 크레메 당주

크레메 당주(Crèmet d'Anjou)는 '앙주의 크림'이라는 뜻.
프랑스의 루아르 강 중류에 있는 앙주 지방에서 태어난 디저트입니다.
새콤한 프람보아즈 소스와의 균형이 일품인 케이크.
미리 만들어두기보다, 만든 후 4~5시간 이내에 신선하게 맛보길 추천합니다.

재 료 지름 5cm 5개 분량

플레인 요구르트 … 200g
그래뉴당 … 10g
레몬즙 … 1작은술
생크림(유지방분 47%인 것) … 60㎖

【머랭】
계란 흰자 … 2개 분량
그래뉴당 … 25g

【프람보아즈 소스】
냉동 프람보아즈(라즈베리) … 100g
그래뉴당 … 30g
레몬즙 … 1작은술

준 비

- 요구르트는 체에 담아 냉장실에서 하룻밤 동안 물기를 뺀다. 이것을 100g 준비한다.
- 15×15cm로 자른 거즈 5장을 준비한다.

1 볼에 물기 뺀 요구르트를 담아 거품기로 젓고 그래뉴당 ⇒ 레몬즙 순서로 넣으며 젓는다.
2 다른 볼에 생크림을 담고 부드러운 뿔이 생길 때까지 거품을 낸다(81쪽 참조). 이것을 1의 요구르트에 붓고 고무주걱으로 가볍게 섞는다.
3 머랭을 만든다. 다른 볼에 계란 흰자를 담고 고속의 핸드믹서로 거품을 내며 그래뉴당을 세 번에 나누어 넣는다. 뿔이 뾰족 서는 머랭을 만든다. 이것의 ⅓을 반죽에 넣고 거품기로 젓다가 나머지 머랭을 두 번에 나누어 넣으며 계속 고무주걱으로 젓는다.
4 5등분 하여 거즈로 감싸고 체에 올려 냉장실에서 4~5시간 물기를 뺀다. 거즈를 제거하고 그릇에 담아, 냄비에서 한 번 끓여낸 프람보아즈 소스를 뿌려 먹는다.

플레인 요구르트를 체에 담고 아래에 볼을 받쳐 냉장실에서 하룻밤 동안 물기를 뺀다. 이것을 100g 준비한다.

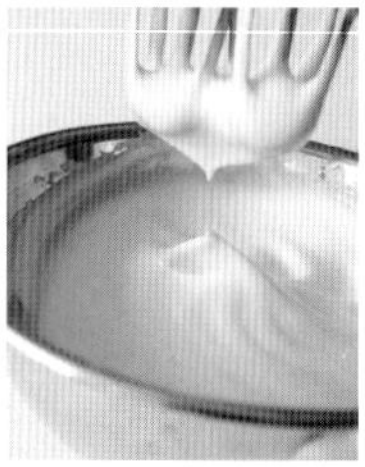

계란 흰자에 그래뉴당을 넣어가며 고속의 핸드믹서로 거품을 내어 뾰족하게 뿔이 서는 머랭을 만든다.

반죽을 거즈에 싸고 끝을 모아 꼰다. 체에 올려 냉장실에서 4~5시간 물기를 뺀다.

프람보아즈 소스는 냉동 프람보아즈, 그래뉴당, 레몬즙을 냄비에 담고 해동하다가 즙이 나오면 중불에서 그래뉴당을 녹이고 한 번 끓어오르면 완성.

Fontainebleau

09 퐁텐블로

프랑스 파리의 남동부에 있는 도시와 같은 이름을 지닌 디저트.
파리의 치즈 가게에서 일하던 시절, 어떤 할아버지가 늘 이것을 사러 왔던 추억이 남아 있습니다.
어떻게 드시는지 물어보니, "설탕을 뿌려서 먹지"하고 알려주셨지요.

재료 6cm 길이 6개 분량

플레인 요구르트 … 300g
생크림(유지방분 47%인 것) … 75㎖
그래뉴당 … 20g
살구잼 … 적당량

준비

- 요구르트는 체에 담아 냉장실에서 하룻밤 동안 물기를 뺀다. 이것을 150g 준비한다.

1 볼에 생크림과 그래뉴당을 담고 부드러운 뿔이 생길 때까지 거품을 낸다(81쪽 참조).
2 다른 볼에 물기를 뺀 요구르트를 담고 거품기로 저은 후 거품 낸 생크림에 부어 고무주걱으로 가볍게 섞는다.
3 커다란 숟가락 2개로 떠서 그릇에 담고 잼을 곁들인다.

* 그래뉴당을 뿌려 먹어도 맛있다.

Cassata

10 카사타

이탈리아 시칠리아섬의 디저트. 본고장에서는 리코타 치즈 한 층, 스펀지케이크 한 층, 그리고 표면은 마지팬* 층으로 만듭니다. 설탕에 절인 과일 껍질을 토핑으로 곁들이고 돔형으로 만들어 차갑게 먹는 달콤한 케이크. 일본에서는 이런 타입이 보편적이지요.

재료 18×8×높이 6cm의 파운드케이크 틀 1개 분량

리코타 치즈 … 150g
그래뉴당 … 50g
생크림(유지방분 47%인 것) … 150㎖
제과용 초콜릿(비터) … 30g
통 아몬드 … 20g
피스타치오 … 10g
오렌지필(다진 것) … 15g

준비

- 아몬드는 160℃의 오븐에서 8분간 굽는다.
- 초콜릿은 잘게 다진다.
- 틀에 오븐 시트를 깐다.

1 볼에 리코타 치즈와 그래뉴당을 담고 거품기로 섞는다.
2 다른 볼에 생크림을 담고 부드러운 뿔이 생길 때까지 거품을 낸다(81쪽 참조). 이것을 리코타 치즈 반죽에 부어 섞다가 초콜릿, 너트, 오렌지필을 넣고 고무주걱으로 가볍게 섞는다.
3 완성된 반죽을 틀에 부어 평평하게 하고 냉장실에서 5시간 이상 식혀 굳힌다.

* 마지팬 : 아몬드와 설탕을 분쇄하여 혼합한 것. 아몬드의 기름 성분 때문에 끈적끈적한 반죽 상태가 되는데, 고소하고 달콤하며 아몬드 입자가 약간 씹힌다.

재료에 대하여

À propos des ingrédients

치즈만으로도 충분히 맛있는 치즈 케이크.
그러니 특별한 재료나 어려운 방법이 필요 없습니다.
손쉽게 구할 수 있는 재료로, 마음 내킬 때 바로 만들 수 있는 점이 매력입니다.

1.

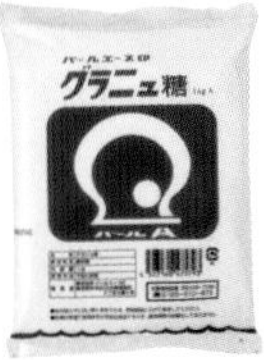

2.

3.

4.

5.

6.

7.

8.

9.

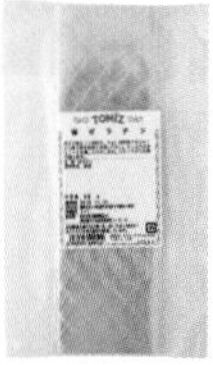

10.

1. 크림치즈

치즈 케이크의 주재료. 부드러운 타입을 추천합니다. 실온에 꺼내두었다 쓰는 것도 좋지만 전자레인지로 데워 부드럽게 만드는 것이 재료들과 더 잘 섞여서 좋습니다. 200g 용량이 일반적이라 이 책에서는 크림치즈 200g을 기준으로 만드는 레시피도 병기하였습니다.

2. 설탕

도드라지는 맛이 없어서 치즈의 풍미가 살아나는 그래뉴당을 사용합니다. 입자가 고와서 치즈와 잘 섞이는 점도 매력이지요. 동량의 수수 설탕으로 대체하면 또 다른 맛을 즐길 수 있습니다.

3. 계란

M사이즈를 사용합니다. 껍질을 제외한 양이 50g인 것이 기준(노른자 20g + 흰자 30g). 실온에 미리 꺼내놓거나 풀어둘 필요 없이 거품기만으로 잘 섞입니다.

4. 전분

일본 홋카이도(北海道)산을 사용했습니다. 치즈 케이크에는 소량만 들어가므로 향에 구애받지 않습니다. 동량의 옥수수 전분으로 대체해도 OK. 케이크 시트에 쓰는 쿠키 반죽에는 바삭한 식감을 더하기 위해 넣습니다.

5. 생크림

기본적으로 치즈 케이크에는 너무 진하지 않은 유지방분 35%의 제품을 사용하지만, 티라미수, 크레메 당주 등 거품을 내는 레시피에서는 뿔이 잘 서는 유지방분 47%의 제품을 사용합니다.

6. 레몬즙

치즈 케이크에 산미를 더합니다. 유기농 레몬 100%의 제품을 사용하여 떫은맛이 적고 맛있습니다. 레몬을 직접 짜서 써도 물론 좋습니다.

7. 사워크림

생크림에 유산균을 넣어 발효시킨 것. 요구르트 치즈 케이크에 산미와 감칠맛을 더하기 위해 사용합니다. 크림치즈만으로 만드는 것보다 크리미한 산미가 더해져서 매력적인 케이크가 됩니다.

8. 요구르트

무가당 플레인 타입을 사용. 레어 치즈 케이크에는 그대로, 캐제쿠헨이나 크레메 당주, 퐁텐블로에는 하룻밤 동안 두어 물기를 뺀 크림 타입을 사용합니다.

9. 우유

수플레 치즈 케이크에 사용합니다. 저지방이나 무지방이 아닌, 성분 무조정 제품이 맛있습니다. 평소 즐겨 먹는 브랜드 제품으로 OK.

10. 젤라틴

향이 도드라지지 않는 젤라틴을 고릅니다. 이 책에서 쓴 제품은 1장이 2.5g. 얼음물에 담가 불린 후 80℃의 물에 녹여 반죽에 섞습니다. 불릴 때는 얼음물이 아니면 녹아버릴 수 있고, 녹이는 물이 너무 뜨거우면 굳지 않을 수 있으니 주의합니다.

◎ 치즈 케이크 보관법

치즈 케이크는 갓 구웠을 때는 맛이 별로라 냉장실에서 하룻밤 보관 후 먹습니다. 2~3일 지나 맛이 어우러졌을 때가 가장 맛있습니다. 보관은 냉장실에서 4~5일, 냉동 보존은 약 1개월 가능합니다. 레어 치즈는 냉장실에서 2~3일. 단, 딸기나 파인애플, 다크 체리, 바나나, 사과, 블루베리 등 생과일을 넣은 것이나 레어 치즈는 냉동 보관이 적절치 않습니다.

도구에 대하여

볼 하나에 차근차근 재료를 더해가며 만드는 치즈 케이크.
간식을 만들 때 최소한의 도구만으로 해결할 수 있다는 게 기쁜 점이지요.
제가 늘 쓰는 도구를 소개합니다.

1. **볼**

지름 24cm 스테인리스제를 사용합니다. 지름 20~24cm 정도가 쓰기 편합니다. 머랭을 만들 때는 지름 18cm 제품을 씁니다. 내열 유리용기도 OK.

2. **거품기**

크림치즈를 비롯해 설탕, 계란, 전분 등 재료를 섞을 때 사용합니다. 제가 쓰는 것은 길이 30cm 제품. 더 작은 것이라도 상관없습니다. 집에 있는 것을 사용하세요.

3. **고무주걱**

반죽을 틀에 부을 때, 수플레 치즈 케이크에 머랭을 섞을 때 등 반죽을 섞을 때도 사용합니다. 캐러멜 크림을 만들거나 초콜릿을 녹일 때는 내열 제품을 사용합니다.

4. **전자저울**

크림치즈, 설탕 등 재료의 양을 잴 때 씁니다. 용기의 무게를 빼고 측정하는 기능이 있으면 재료를 추가할 때마다 무게를 잴 수 있습니다. 참고로 생크림 1㎖는 1g입니다.

5. **스트레이너(체)**

찻잎을 거를 때, 코코아 수플레 치즈 케이크에서 코코아와 전분을 체 칠 때 씁니다. 치즈 케이크에 들어가는 전분은 소량이라 기본적으로 체 칠 필요는 없습니다. 말차 치즈 케이크 레시피에서 말차와 전분을 미리 섞어둘 때도 포크로 몇 번 저어주면 OK.

6. **핸드믹서**

수플레 치즈 케이크 등 계란 흰자로 거품을 내서 머랭을 만들 때 씁니다. 고속으로 돌리면서 설탕을 세 번에 나누어 넣으며 거품을 내고, 마지막에 저속으로 결을 정돈하는 것이 비결입니다.

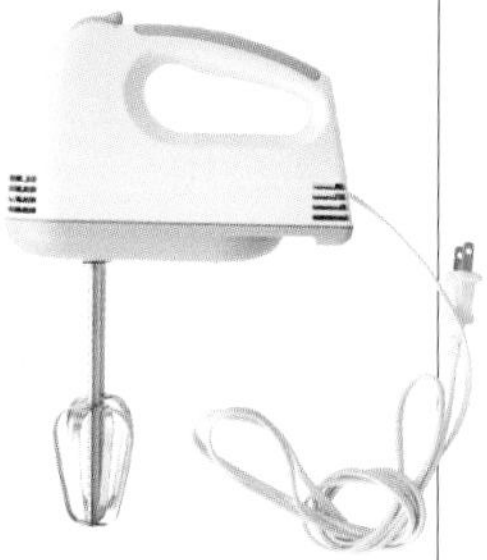

7. **지름 15cm의 원형틀**

케이크를 빼내기 쉽도록 바닥이 분리되는 틀을 사용합니다. 제가 쓰는 것은 불소수지가공 제품이지만 다른 재질이라도 상관없습니다. 바닥과 옆면에 오븐 시트를 깔아서 사용합니다.

8. **지름 12cm의 원형틀**

역시 바닥이 분리되는 틀입니다. 레어 치즈의 경우에는 바닥에만 오븐 시트를 깔아서 사용합니다. 참고로 지름 15cm 레시피를 2/3 분량으로 만들면 12cm 틀에 딱 맞습니다. 이 경우 굽기 온도는 그대로, 시간은 레시피를 기준으로 상태를 보면서 조정하세요.

9. **파운드형 틀**

18×8×높이 6cm 제품을 사용합니다. 여기서는 주석 도금 강판 재질을 사용했지만 다른 재질도 상관없습니다. 이 책에서는 파르메산 치즈 케이크와 카사타를 만들 때 사용합니다.

가노 가오리 Kaori Kano

1975년 나가사키 현 이키 섬에서 태어나 지바 현에서 자랐다. 가쿠슈인 여자 단기대학 가정생활과에서 영양학을 공부했다. 직장인 시절에 프랑스 제과·요리학교에 다니다가 특히 관심이 갔던 치즈에 대해 더 공부하기 위해 남편을 일본에 남겨두고 홀로 프랑스로 건너갔다. 치즈 농가에서 공부하고 치즈 숍에서 직접 판매하며 얻은 풍부한 지식과 경험을 바탕으로 귀국 후 '카오린느 제과점'을 열었다. 치즈 케이크를 중심으로 밀가루를 넣지 않은 디저트를 개발 중. 프랑스 치즈 감정평가 기사(chevaliers du taste-fromage), 와인 어드바이저(일본 소믈리에 협회 인정). 1남 2녀의 엄마. http://kaorinne.ocnk.net

카오린느 제과점의 치즈 케이크

여러 가지 치즈로 심플하게 만드는 진한 맛의 치즈 케이크 41

펴낸날 | 2018년 11월 9일 (1쇄)
2020년 5월 9일 (2쇄)
지은이 | 가노 가오리
옮긴이 | 이소영
펴낸곳 | 윌스타일
펴낸이 | 김화수
출판등록 | 제2019-000052호
전화 | 02-725-9597
팩스 | 02-725-0312
이메일 | willcompanybook@naver.com
ISBN | 979-11-85676-51-7 13590

* 잘못된 책은 구입하신 곳에서 바꿔드립니다.

이 도서의 국립중앙도서관 출판예정도서목록(CIP)은 서지정보유통지원시스템 홈페이지(http://seoji.nl.go.kr)와 국가자료공동목록시스템(http://www.nl.go.kr/kolisnet)에서 이용하실 수 있습니다.(CIP제어번호: CIP2018033786)